Unternehmensführung

Grundlagen • Methoden • Praxis

2., überarbeitete Auflage

Prof. Dr. Andreas Weigand
Dipl.-Kffr. Stephanie Krause
Dipl.-Bw. (FH) Julia Plückhahn

W0234084

ErasmusVerlag

Bibliografische Information der Deutschen Nationalbibliothek
Die Deutsche Nationalbibliothek verzeichnet diese Publikation in der
Deutschen Nationalbiografie; detaillierte bibliografische Daten sind im Internet
über http://dnb.d-nb.de abrufbar.

Weigand, Andreas; Krause, Stephanie; Plückhahn, Julia

Unternehmensführung
Grundlagen • Methoden • Praxis

1. Auflage 2010
2., überarbeitete Auflage 2011

© Erasmus Verlag
Weigand GmbH
Bonninguesstr. 12
D - 23628 Krummesse

ISBN 978-3-942362-07-8

Vorwort zur 2. Auflage

Es besteht weder ein Mangel an Literatur über Unternehmensführung oder an, als neu und notwendig postulierten, Konzepten, noch fehlt es an Gelegenheit, Vorträge über dieses Thema zu hören. Dank dem öffentlichen Interesse an Wirtschaftsnachrichten und dem Berufsstand der Unternehmensberater ist es tatsächlich schwer, an dem Thema vorbeizugehen. Dennoch scheint es bei Mitarbeitern, Führungskräften wie auch Studenten keine ganzheitlichen Vorstellungen zu geben, was Unternehmensführung ist oder – noch wichtiger – unter den jeweiligen Umfeldbedingungen sein sollte. Auch besteht keine Klarheit darüber, wie Unternehmensführung durchgeführt und organisiert werden soll, was tatsächlich ihr Inhalt ist.

Mit diesem Buch soll trotzdem keine weitere Theorie über zeitgemäße Unternehmensführung das Licht der Welt erblicken, vielmehr soll es Ihnen als Ausgangspunkt für die eigene Literaturarbeit und Überlegungen dienen. Unsere Motivation, dieses Buch zu verfassen, liegt im Bedarf an einer kompakten und integrierenden Darstellung des Systems der Unternehmensführung. Dabei haben wir uns auf die wesentlichen Aspekte des theoretischen Gesamtgebäudes mit praktischer Relevanz konzentriert.

Wir wünschen Ihnen viel Erfolg bei der Prüfungsvorbereitung und Anwendung!

Krummesse, im Juni 2011   Prof. Dr. Andreas Weigand

Gliederung

1. Einführung und Grundbegriffe

Als Einstieg in das Fach Unternehmensführung sollte die Definition des Unternehmens – unser zentrales Objekt der folgenden Ausführungen – voran gestellt stehen. Dies ist jedoch überraschenderweise nicht einfach, da sich Unternehmen je nach Betrachtungsweise als vielfältige und vielschichtige Objekte darstellen.

Je nach eingenommener Perspektive können Unternehmen unter unterschiedlichen Aspekten wahrgenommen werden. Interessierende Merkmale können z.b. die Produkte und Leistungen, die Märkte in denen das Unternehmen tätig ist, die Organisation oder die Rechtsform sein. Die Wahrnehmung der Unternehmen erfolgt in der Praxis immer aus der Perspektive des Betrachters und der ihn interessierenden Fragen [Hungenberg, Wulf (2008), S. 11f.]:

* Organisationspsychologen: Verhalten und Entscheidungsprozesse von Individuen und Gruppen,

* Organisationssoziologen: Zusammenspiel von Institutionen und Organen innerhalb und außerhalb des Unternehmens,

* Juristen: Unternehmen als Rechtspersönlichkeit , gesetzeskonformes Verhalten, z.B. im Rahmen der Corporate Governance.

Dieses Buch betrachtet Unternehmen unter den folgenden betriebswirtschaftlichen Fragestellungen:

* Wie werden Unternehmen auf Ziele ausgerichtet, organisiert und geführt?

* Welche Prozesse und Instrumente werden hierfür sinnvoller weise eingesetzt?

Unter diesen Fragestellungen wird für die weiteren Ausführungen ein Unternehmen wie folgt definiert:

!!! Definition 1: realwirtschaftliche Perspektive

„()...ein Unternehmen (ist) eine wirtschaftliche Einheit, in der Produkte und Dienstleistungen erstellt und vermarktet werden um damit bestimmte Ziele zu erreichen." [Hungenberg, Wulf (2006), S. 12]

!!! Definition 2: systemtheoretische Perspektive

„Ein Unternehmen ist ein komplexes System aus Zielen, Mitgliedern und Aktivitäten. Es strebt die Erreichung von Zielen an, die es zuvor weitgehend autonom festlegt. Seine Mitglieder bilden ein hierarchisches soziales System, welches auf die produktive Erbringung von Leistungen im offenen Austausch mit der Unternehmensumwelt gerichtet ist." [Dillerup, Stoi (2011), S.5]

Diese Definitionen grenzen die hier näher betrachteten Institutionen ein, beschreiben diese aber noch nicht hinreichend. Gleichzeitig gibt es eine Vielzahl unterschiedlicher Unternehmen. Was diese verbindet, beschreiben die folgenden gemeinsamen Elemente [Hummel, Zander (2002), S.1; Thommen (2004), S. 627f.; Dillerup, Stoi (2011). S. 4]:

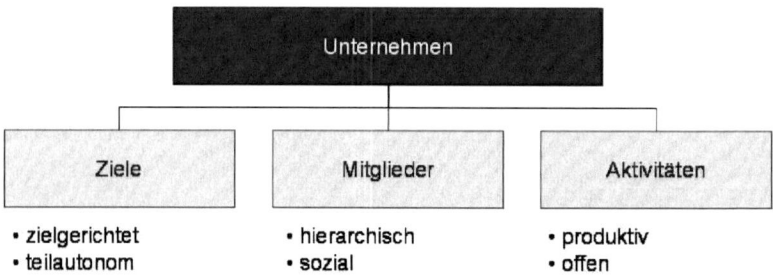

Abb. 1-1: Elemente und Merkmale eines Unternehmens
[Dillerup, Stoi (2011). S. 4]

- **Ziele**: Unternehmen verfolgen dauerhafte Ziele. So verfolgen Automobilhersteller die Ziele, Produkte für Mobilität herzustellen und für ihren Kapitalgeber eine angemessene Rendite zu erwirtschaften. Ihre Ziele legen die Unternehmen teilautonom fest. Dies bedeutet, dass sie innerhalb bestimmter Grenzen (s. Kap. 5, Normative Unternehmensführung) selbständig und eigenverantwortlich entscheiden können. Um die Ziele des Unternehmens zu erreichen, arbeiten die Menschen in einem Unternehmen zweckbezogen und zielgerichtet zusammen. Die Ausrichtung auf die Ziele und die individuellen Beiträge sind Aufgabe der Führung. Das Kriterium Ziele führt zur Unterscheidung in privatwirtschaftliche und gemeinnützige Unternehmen. Während bei den privatwirtschaftlichen Unternehmen die Gewinnerzielung oder Wertsteigerung im Vordergrund steht, dienen gemeinnützige Unternehmen (Non-Profit-Unternehmen) sozialen, humanitären, ökologischen oder anderen, als gemeinnützig zu bezeichnenden, Zwecken [Kieser, Walgenbach (2003), S. 26].

- **Mitglieder**: Die Mitglieder eines Unternehmens werden unterschieden in Eigentümer, Führungskräfte und Mitarbeiter (s. Kap. 5.1.4). Die Existenz eines Unternehmens wird durch Verträge begründet. Die Eigentümer gründen und bestimmen die Rechtsform durch den Gesellschaftsvertrag. Die Eigentümer oder die sie vertretende oberste Unternehmensleitung regeln die Zusammenarbeit mit Führungskräften und Mitarbeitern über Arbeitsverträge. Mit den Verträgen werden auch die hierarchische Einordnung und Weisungsbefugnisse (Direktionsrecht) geregelt. Diese hierarchische Anordnung der Stellen und Stelleninhaber im System Unternehmen (s. Kap. 4, Organisation) macht erst eine gemeinsame Ausrichtung auf die Unternehmensziele möglich. Gleichzeitig werden Unternehmen durch die Zusammenarbeit in Gruppen und Teilsystemen als soziale Systeme charakterisiert [Ulrich (2001), S. 157; Dillerup, Stoi (2011). S. 4].

- **Aktivitäten**: Die Führungskräfte und Mitarbeiter sind durch die Verträge die Verpflichtung eingegangen, zum Zweck der Zielerreichung aktiv zu werden. Die Aktivitäten sind durch das Unternehmen so vorzugeben, dass die Ausführenden einen Beitrag zu den angestrebten Ergebnissen leisten können. Die Gestaltung und Verkettung dieser Aktivitäten ist zentraler Gegenstand der Ablauf- und Aufbauorganisation (s. Kap. 4). Sie lassen sich mit zwei Merkmalen beschreiben. Zum Einen entsteht durch die Transformation von Produktionsfaktoren [Gutenberg (1984), S.1] Wertschöpfung, die über den Eigen-

bedarf hinaus geht. Diese Erstellung von Gütern und Dienst-
leitungen für Dritte (Fremdbedarfsdeckung) führt zum
Merkmal „produktiv". Zum Anderen wird die Leistungserstellung nur durch den Austausch des Unternehmens mit dem
Umfeld (Überschreitung der Systemgrenzen, z.B. mit dem
Absatzmarkt, der Rohstoffbeschaffung) möglich. Dies führt
zur Charakterisierung als „offenes System".

Der zweite zentrale Begriff ist der der Führung bzw. des Managements. Bei der Benennung von Führungskräften und ihren Aufgaben hat sich der englischsprachige Begriff des Management
(für „Führung") oder des Managers (für „Führer") in der Literatur
wie in der Praxis weit verbreitet. Daher wird auch in diesem Buch
vom Management gesprochen. Die Auslegung des Begriffs Management kann durch zwei unterschiedliche Perspektiven [vgl.
Steinmann, Schreyögg (2005), S. 6f.; Dillerup, Stoi (2011), S. 7].
gekennzeichnet werden: einerseits das Management als Institution
eines Unternehmens - die Führungsebene -, andererseits die funk-
tionelle Bedeutung - Management als Aufgabenkomplex zur Gestaltung und Steuerung einer Organisation [Steinmann, Schreyögg
(2005), S. 6].

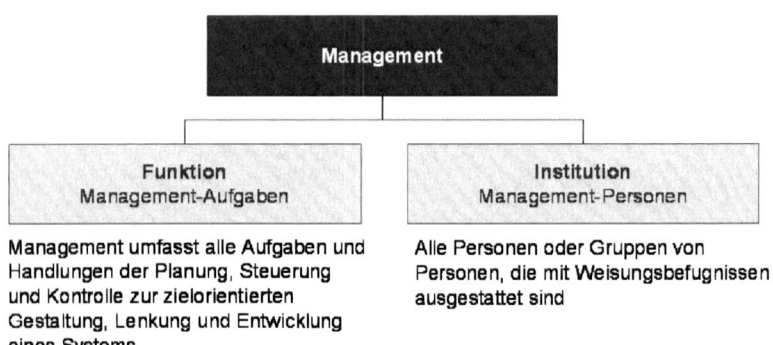

Abb. 1-2: Differenzierung des Managementbegriffs
[vgl. Dillerup, Stoi (2011), S. 7]

„Management beinhaltet alle Personen oder Gruppen von Personen, die mit Weisungsbefugnissen ausgestattet sind." [Dillerup, Stoi (2008), S. 7]

Wie bei den vorherigen Begriffen Unternehmen und Füh-rung/Management wird auch die Unternehmensführung nicht einheitlich definiert (vgl. Aufstellung bei Dillerup, Stoi (2011), S. 8). Für die weiteren Ausführungen soll daher eine kurze Klärung erfolgen.

„Unternehmensführung umfasst alle Aufgaben und Handlungen der Planung, Steuerung und Kontrolle zur zielorientierten Gestaltung, Lenkung und Entwicklung eines Unternehmens". [Dillerup, Stoi (2011), S. 8]

Diese Definition schließt neben dem institutionalen Manage-mentverständnis (Führen von Mitarbeitern) auch die Führung des Gesamtsystems Unternehmen ein [Macharzina, Wolf (2005), S. 37; Dillerup, Stoi (2011), S. 8]. Der diesem Verständnis der Un-ternehmensführung entsprechende Begriff wäre der des „General-Management".

1.1 Der Managementprozess – die Funktionen

Das Verständnis des Managements aus der funktionalen Perspek-tive lieferte die Aufgaben (Managementfunktionen) - unabhängig von Personen und Positionen – die erfüllt werden müssen, damit die Organisation ihre Ziele erreicht. Für die Auseinandersetzung mit der Unternehmensführung begründen die Managementaufga-ben folglich die nachvollziehbare Grundgliederung dieses Bu-ches.

Die Erfüllung der Managementfunktionen erfolgt in der Organisation durch Führungskräfte auf verschiedenen Hierarchiestufen und in allen betrieblichen Funktionsbereichen. Die Managementfunktionen sind daher aus keinem Unternehmensbereich wegzudenken, vielmehr sind sie als komplementäre Funktionen zu den Sachfunktionen (z.b. Einkauf, Produktion, Vertrieb, …) zu sehen [Steinmann, Schreyögg (2005), S. 7].

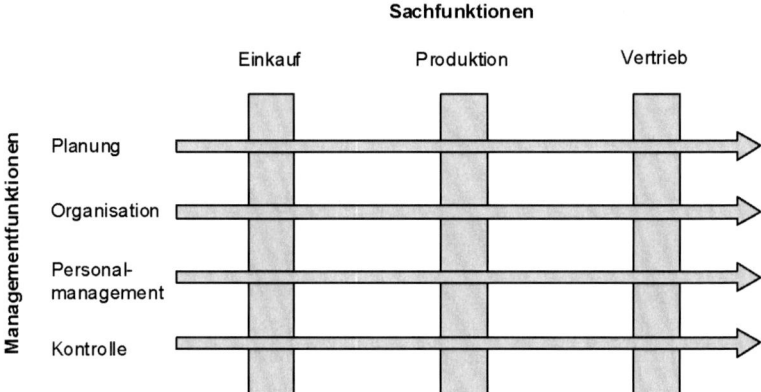

Abb. 1-3: Management als Querschnittsfunktion
[i.A.a. Steinmann, Schreyögg (2005), S. 7]

Die funktionale Sicht auf das Management versteht die Managementfunktionen als Querschnittsfunktion, die in und zwischen den Bereichen des Unternehmens den Einsatz der Ressourcen und das Zusammenspiel der Sachfunktionen entsprechend den Unternehmenszielen ausrichtet. Dazu sind die Managementaufgaben, verstanden als komplexe Abstimmungs- und Steuerungsaufgaben in arbeitsteiligen Organisationen, erforderlich. „Diese Aufgaben stellen sich ihrer Natur nach als immer wiederkehrende Probleme dar, die im Prinzip in jeder Leitungsposition zu lösen sind, und zwar unabhängig davon, in welchem Ressort, auf welcher Hierarchieebene und in welcher Organisation sie anfallen" [Steinmann, Schreyögg (2005), S. 7f.]. Diese Unabhängigkeit von Situation, Problem und zu erstellender Leistung führt uns zu den generellen Managementaufgaben, die im Mittelpunkt dieses Buches stehen sollen. Der Träger dieser Aufgaben sind die Führungskräfte, also das Management (institutionales Managementverständnis) auf den verschiedenen Hierarchieebenen. Die Qualität von Führungskräften wird bestimmt durch die Kompetenzen in der Erfüllung ihrer Managementfunktionen und mit zunehmender Hierarchie immer weniger durch ihre vielleicht im Studium erworbene Fachkompetenz. Management ist eine erlernbare Disziplin, die gute Führungskräfte flexibel macht für den Einsatz in verschiedenen Branchen und Aufgabenstellungen.

Die Managementlehre als Teil der Betriebswirtschaftslehre hat eine relativ lange Historie in der Ermittlung dieser Managementfunktionen. Aus diesen Konzepten entstand 1955 durch *Koontz* und *O'Donnell* die heute noch gültige Einteilung in [Steinmann, Schreyögg (2005), S. 10ff]:

1. **Planung (planning)**

2. **Organisation (organizing)**

3. **Personaleinsatz (staffing)**

4. **Führung (directing)**

5. **Kontrolle (controlling)**

Hierbei handelt es sich nach Koontz und O'Donnell nicht um einen einfachen Katalog unabhängiger Aufgaben, sondern um eine Abfolge von Phasen. Idealtypisch kann hieraus der Management-Prozess dargestellt werden:

Planung

Ausgangspunkt allen zielorientierten Handelns ist die Planung. Die Planung als kreativer und analytischer Prozess zerfällt in mehrere Phasen (s. Kap. 2): Im ersten Schritt sind die Ziele – als zukünftig angestrebter Sollzustand – festzulegen. Daran schließt sich die Frage nach den geeigneten – unter der gegebenen Ausgangslage und erwarteten Rahmenbedingungen – Handlungen an. Die Ergebnisse des Planungsprozesses legen für alle folgenden Funktionen die Vorgaben fest.

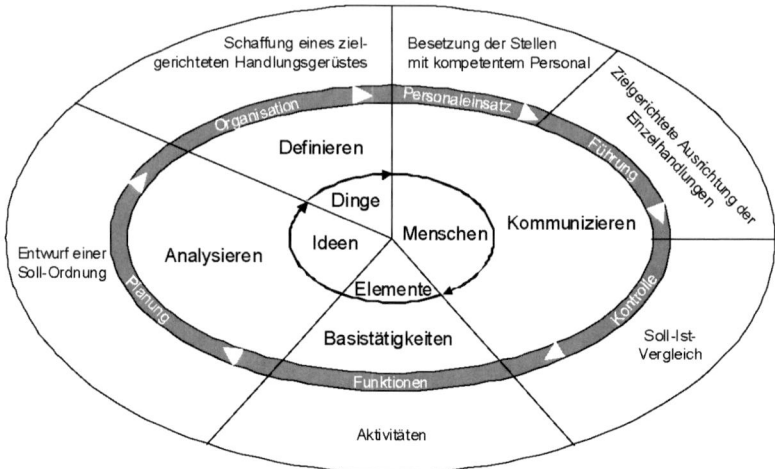

Abb. 1-4: Der Managementprozess [Steinmann, Schreyögg (2005) S.13, i.A.a. Mackenzie (1969)]

Organisation

Wenn die Planung etwas bewirken und die Ziele erreicht werden sollen, so muss diese jemand umsetzen. Die Festlegung der Aufgabenträger in Form einer dauerhaften (Aufbau-)Organisation (Stellen, Abteilungen, Bereiche) mit Kompetenzen und Weisungsbefugnissen ist hierfür ebenso notwendig, wie die sachlogische und informationelle Verknüpfung und Steuerung dieser Aufgaben in ihrer Abfolge (vgl. hierzu Kap. 4, Organisation).

Personaleinsatz

Nach dem die Tätigkeiten organisiert wurden und entsprechende Stellen definiert wurden, gilt es, dass hierfür notwendige Personal zu beschaffen und entsprechend einzusetzen. Dafür notwendige Aufgaben sind z.b. die Personalauswahl, -beurteilung, -entwicklung und -entlohnung.

Führung

Obwohl die Ziele, Maßnahmen / Aufgaben, die Organisation und die Personen bestimmt und verfügbar sind, erfolgt keine automatische Aufgabenerfüllung. Die Führung der Mitarbeiter (als Führung im engeren Sinne) ist erforderlich - definiert als permanente und konkrete Veranlassung der Arbeitsausführung und die zieladäquate Feinsteuerung der Mitarbeiter [Steinmann, Schreyögg (2005), S.11]. Aus Gründen der Konzentration und Abgrenzung zu den Vertiefungen im Bereich Personal, werden die beiden Funktionen Personaleinsatz und Führung im weiteren Buch unter dem Begriff des Personalmanagement zusammengefasst (s. Kap. 3, Personalmanagement).

Kontrolle

Im letzten Schritt erfolgt die Kontrolle (s. Kap. 2, Planung und Kontrolle). Wurden die Aufgaben richtig und termingerecht ausgeführt? Stimmen die erzielten Ergebnisse mit der Zielsetzung überein? Haben sich die Rahmenbedingungen für das Unternehmen wie in der Planung erwartet entwickelt? Zu diesem Zweck werden Kontrollpunkte bestimmt. Diese Kontrollpunkte können feste und wiederkehrende Termine im Monats-, Quartals- und Jahresrhythmus oder gekoppelt an bestimmte Ereignisse (Meilensteine) sein. An diesen Kontrollpunkten werden Soll-Ist-Vergleiche durchgeführt und ggf. Abweichungsursachen analysiert. Die hieraus gewonnenen Informationen erlauben Lernprozesse als Rückkopplung auf die weitere Entwicklung und Maßnahmen der aktuellen Planperiode (Vorschau/Forecast) oder die zukünftige Planung und Steuerung. Die Kontrolle stellt somit das notwendige Gegenstück zur Planung dar. Kontrolle ohne Planung hat keine Vergleichsgrundlage und ist daher nicht möglich. Planung ohne eine Kontrolle liefert keine Informationen über die Umsetzung und Zielerreichung, ist somit ohne Wirkung und damit sinnlos.

1.2 Die Führungsebenen

Aufgaben der Unternehmensführung lassen sich in unterschiedliche Ebenen (z.B. strategische und operative Unternehmensführung) unterteilen. In der Literatur findet sich eine Vielzahl an Kriterien zur Abgrenzung [Hungenberg (2006), S. 4ff.; Macharzina, Wolf (2005), S. 42ff.; Dillerup, Stoi (2011), S. 34f.] sowie unterschiedliche Differenzierungen und Bezeichnungen der Handlungs- bzw. Managementebenen. Maßstab für die folgende

Auswahl, neben der Praxisrelevanz, ist insbesondere die klare Unterscheidung der Ebenen über die damit verbundenen Aufgaben. Sie ist gegeben für die Aufteilung in die normative, strategische und operative Ebene der Unternehmensführung. Für die weitere Betrachtung und Diskussion in diesem Buch wird daher diese Unterscheidung und Aufgabenzuordnung vorgenommen:

Ebene	Zielsetzung	Inhalt
Normativ	Legitimität	Festlegung von Zielen und Zweck sowie grundlegender Werte des Unternehmens
Strategisch	Effektivität – die richtigen Dinge tun!	Erfolgspotenziale aufbauen, pflegen und weiterentwickeln
Operativ	Effizienz – die Dinge richtig tun!	Zielorientierte Handlungen unter Nutzung der Wettbewerbsvorteile

Abb. 1-5: Unterscheidung der Ebenen der Unternehmensführung
[in Weiterentwicklung von Dillerup, Stoi (2008), S. 37]

Die zentrale Aufgabe der normativen Unternehmensführung (s. Kap. 5) ist die Schaffung eines für das ganze Unternehmen geltenden Selbstverständnisses und Sicherung der Lebens- und Entwicklungsfähigkeit (Legitimität) [Bleicher (1995), S. 23; Schwaninger (1989), S. 191]

!!! Definition

Die normative Unternehmensführung umfasst übergeordnete Entscheidungen, die den Charakter einer Norm haben. Sie bestimmt die grundlegenden Ziele, Werte und Normen eines Unternehmens und beruht auf den Wertvorstellungen der Eigentümer und der Unternehmensleitung. [i.A.a. Hungenberg (2006), S. 25 und Dillerup, Stoi (2011) S. 51ff.]

Die strategische Unternehmensführung (s. Kap. 6) ist dafür verantwortlich innerhalb des normativen Rahmens die Ziele und die beabsichtigte Entwicklung des Unternehmens zu realisieren. Die

Entwicklung von strategischen Zielen, die Vorgehensweisen zur Zielerreichung und die zielorientierte Gestaltung der Strukturen und Systeme des Unternehmens zählen zu den zentralen Aufgaben.

‼️ Definition

Die strategische Unternehmensführung ist auf die Entwicklung bestehender und die Erschließung neuer Erfolgspotenziale ausgerichtet und beschreibt die hierfür erforderlichen Ziele, Leistungspotenziale und Vorgehensweisen (Strategien).

Von Erfolgspotenzialen - auch SEP (strategische Erfolgspositionen) genannt - wird gesprochen, wenn alle Voraussetzungen gemeint sind, die Einfluss auf die Wettbewerbsposition haben. Erfolgspotenziale erzeugen gegenüber dem Wettbewerber sogenannte Wettbewerbsvorteile.

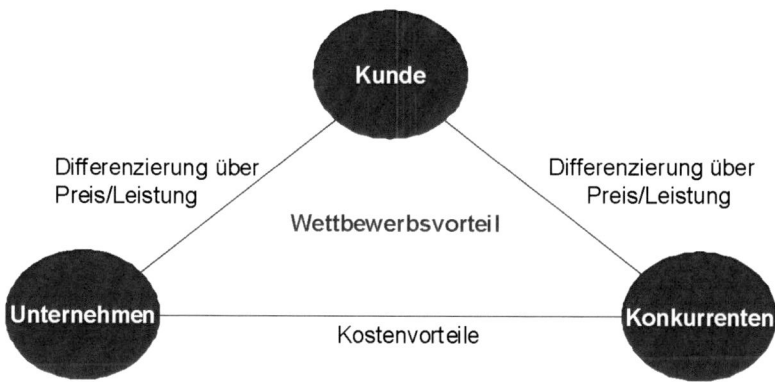

Abb. 1-6: Bezugsrahmen für die Bestimmung von Wettbewerbsvorteilen [Hungenberg (2008), S. 196]

In diesem sehr umfassenden Verständnis basieren Erfolgspotenziale auf den Märkten, Produkten Technologien, Strukturen und Prozessen eines Unternehmens [Bleicher (2004), S. 81]. Der Aufbau der Erfolgspotenziale kann in den meisten Fällen nur längerfristig erfolgen und erfordert den Einsatz z.T. erheblicher finanzieller und/oder personeller Ressourcen.

Der operative Managementprozess (s. Kap. 7) steht für die Verbindung von Wollen (Planung) und Tun (Aktivitäten der Mitarbeiter im Unternehmen). Die Möglichkeiten, herausfordernde Ziele
zu erreichen, werden hierbei zentral neben den Wettbewerbsvorteilen durch die Führung der Mitarbeiter bestimmt. Planung und
Kontrolle und die damit einhergehende Steuerung dienen zur
effizienten Zielerreichung unter den angetroffenen Umweltbedin-
gen (wie z.B. dem Wettbewerberverhalten).

Diese drei Ebenen der Unternehmensführung sind eng miteinander verbunden. Es finden notwendiger Weise vielfältige Abstim-
mungsprozesse statt. Während die normative und strategische
Ebene richtungsweisende Vorgaben erarbeiten, beinhaltet die
Aufgabe der operativen Ebene die konkrete Umsetzung dieser
Zielvorstellungen, so etwa bei der Planung: Die normative Unternehmensführung bestimmt den Rahmen zur Gestaltung der Ge-
schäftstätigkeit und bestimmt damit die Vorgaben für die strategische Unternehmensführung. Die strategische Unternehmensführung wiederum konkretisiert diese Vorgaben durch strategische
Ziele und Strategien zur Weiterentwicklung und Aufbau von Potenzialen. Diese Strategien und die bestehenden Potenziale nutzt
die operative Unternehmensführung zur Erreichung der Ziele in
der Umsetzung in konkrete Handlungen (Tagesgeschäft). Mit der
jeweils tiefer liegenden Ebene finden also eine weitere Konkretisierung der Vorgaben und eine Rückkoppelung über die Machbarkeit statt. Auf der anderen Seite führt die operative Umsetzung
zu Ergebnissen, die über die Weiterentwicklung und ggf. Anpassung der Strategien führen sollten.

Merkmal	Normativ	Strategisch	Operativ
Aufgabe	Legitimität	Effektivität	Effizienz
Gegenstand	Zweck, Überlebens- und Entwicklungsfähigkeit	Erfolgspotenziale und Wettbewerbsvorteile	Ausschöpfung der Erfolgspotenziale und Realisierung
Grundlagen der Entscheidungsfindung	Schlecht strukturiert	Strukturiert	Fein strukturiert
Fristigkeit	Dauerhaft	lang- bis kurzfristig	lang- bis kurzfristig
Beteiligte Hierarchieebenen	Eigentümer und Top-Management	Top- und Mittleres Management	Alle Führungsebenen
Entscheidungsfreiheit	Hoch	Hoch bis Mittel (im Rahmen der Vorgaben aus der normativen UF)	Mittel bis niedrig (im Rahmen der Vorgaben aus der normativen und strategischen UF)
Reichweite	Gesamtes Unternehmen	Unternehmen, Bereiche, Funktionen, Prozesse	Unternehmen, Bereiche, Funktionen, Abteilungen Prozesse

Abb. 1-7: Unterscheidung der Ebenen der Unternehmensführung

1.3 Das System der Unternehmensführung

Das System der Unternehmensführung ist für die Leistungen des Unternehmens in seiner Gesamtheit und dessen Entwicklung verantwortlich. Notwendig sind hierzu folglich eine Vielzahl an Entscheidungen und die Wahrnehmung von Führungsaufgaben unter Berücksichtigung wechselseitiger Abhängigkeiten und der bestehenden Komplexität. Die Notwendigkeit eines integrierten Führungsansatzes ist daher weder in der Praxis noch in der Theorie bestritten. Die in Theorie und Praxis verfügbaren (Teil-)Konzepte weisen jedoch bei der hierfür erforderlichen Grundlegung teilweise in gegensätzliche Richtungen. Aus welchen Bestandteilen soll nun ein derartiges System der Unternehmensführung bestehen? Für dieses Buch erfolgt im Weiteren eine einfach nachvollziehbare Strukturierung und aus der praktischen Relevanz heraus die Unterscheidung in Managementfunktionen und -ebenen. Zusammengeführt entsteht das integrierte System der Unternehmensführung (s. Abb. 1-8).

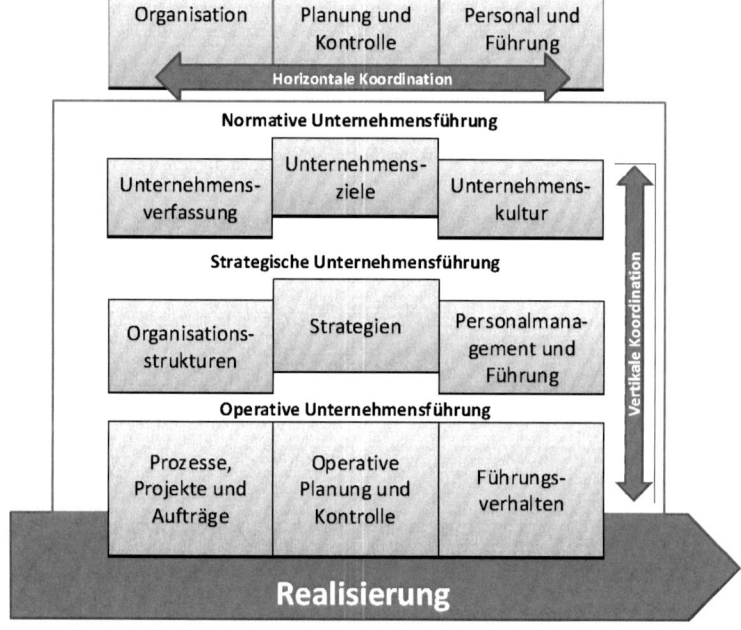

Abb. 1-8: Integriertes System der Unternehmensführung

In den folgenden Kapiteln wird immer wieder der Bezug zu diesem Gesamtsystem hergestellten. Zum Einen, um eine leichtere Einordnung des Stoffes für den Leser zu ermöglichen, zum Anderen zur Reflexion für die Anwendung im eigenen Unternehmen.

Die Managementebenen werden im System der Unternehmensführung entsprechend der logisch voneinander abgrenzbaren Auf-
gabenstellung in normatives, strategisches und operatives Management unterschieden [vgl. Bleicher (2004), S. 77f.]. Eine einfache Gleichsetzung mit den hierarchischen Ebenen des Top-,
Middle oder Lower-Management ist nicht möglich. Vielmehr sind
auf allen Führungsebenen Aufgaben der strategischen und operativen Unternehmensführung anzutreffen. Der Unterschied liegt im
Umfang der Verantwortung (gesamtes Unternehmen bis Abtei-
lung) und im Gestaltungsfreiraum. Weiter ist die Zuordnung auf
die Ebenen des Unternehmens auch abhängig von der Größe des
Unternehmens, der Unterschiedlichkeit des Produkt- und Leis-
tungsprogramms und der Gesamtorganisation, z.B. der Integrati-
onsform in einen Konzern (Finanzholding, Management-
Holding, Familienunternehmen).

Grundsätzlich wird für die Gesamtsicht auf das System der Unternehmensführung eine Unterscheidung der Managementfunktionen in Planung und Kontrolle, Organisation sowie Personal und
Führung entsprechend dem vorgestellten Managementprozess
vorgenommen. Welche der Managementfunktionen in der praktischen Unternehmensführung besonders betont wird, hängt wesentlich auch vom Umfeld und der Situation des Unternehmens
[vgl. Buchner, Weigand (2000), S. 2ff.] sowie von den Einstellungen und Werthaltungen der obersten Führungsebene ab.

Die angestrebte ganzheitliche Betrachtung hat neben den Funktionen und Ebenen auch die gegenseitigen Abhängigkeiten und das
Zusammenwirken zu berücksichtigen. Hierbei sprechen wir von
der erforderlichen vertikalen und horizontalen Koordination, die
insbesondere durch die Planungs- und Kontrollprozesse regelmä-
ßig angestoßen werden sollte. So wirkt beispielsweise jede Strategie auf die Organisation – die bestehende Organisation wiederum beeinflusst die beabsichtigten Strategien. Auf die vielfältigen
Verbindungen wird noch in den folgenden Kapiteln intensiv eingegangen.

2. Planung und Kontrolle

Planung und Kontrolle sind wichtige Managementfunktionen, die ihre Aufgaben nur gemeinsam wahrnehmen können und deshalb funktional als Einheit gesehen werden [Hahn, Hungenberg (2001), S. 47; Dillerup, Stoi (2011), S. 276].

!!! Definitionen

Planung wird definiert als „systematisches, zukunftsbezogenes Durchdenken und Festlegen von Zielen, Maßnahmen, Mitteln und Wegen zur zukünftigen Zielerreichung." [Wild (1982), S. 13].

Kontrolle „ist der beurteilende Vergleich zwischen zwei Größen sowie die daran anschließende Bestimmung und Analyse auftretender Abweichungen." [Dillerup, Stoi (2011), S. 275]. Die Kontrolle ergänzt die Planung und erfolgt während bzw. nach der Planausführung. Planung und Kontrolle bilden eine Einheit.

Die auf das jeweilige Planungsobjekt gerichtete Kontrolle findet durch die Gegenüberstellung der Planansätze mit dem realisierten Ergebnis (Plan-Ist- oder Soll-Ist-Vergleich) sowie die sich anschließende Analyse auftretender Abweichungen statt. Auf den Abweichungen und deren Ursachen basierend wird im Rahmen der Steuerungsaktivitäten nach Maßnahmen zur Zielerreichung gesucht und das aktuell zu erwartende Ergebnis nach Abweichungen, Ursachen und Maßnahmen prognostiziert (Forecast bzw. Vorschau). Diese auch als „aktueller Planwert" zu bezeichnende Forecast ist wiederum selbst in dem nächsten Kontrollzyklus neben der ursprünglichen Planung Gegenstand des Vergleichs (Forecast-Ist-Vergleich).

Die oberste Planungsebene bildet die normative Planung und Kontrolle, die den Rahmen für alle Teilplanungen des Unternehmens vorgibt [vgl. r, Stoi (2011), S. 281]. Aus ihr wird die generelle Zielplanung, die grundsätzlich unbefristet Basis aller künftigen Entscheidungen für die angestrebte Unternehmensentwicklung ist, abgeleitet [vgl. ebenda. S. 281]. Sie ist der strategischen Planung und Kontrolle vorangestellt, deren Ziel die Sicherung bestehender und die Erschließung neuer Erfolgspotenziale ist. Die operative Planung hat letztendlich die optimale Nutzung bestehender Erfolgspotenziale zum Inhalt [vgl. ebenda, S. 281 sowie Abb. 2-1].

Merkmale	Strategische Planung und Kontrolle	Operative Planung und Kontrolle
Gegenstand	Entwicklung von Potenzialen	Nutzung von Potenzialen
Zielperspektive	Effektivität („Die richtigen Dinge tun")	Effizienz ("Die Dinge richtig tun")
Zusammenfassung/ Differenziertheit	wenig (Gesamtplan)	stark (viele Teilpläne)
Grad der Detailliertheit	global	spezifiziert
Präzision/Bestimmtheit der Informationen	grobe Information	feine (exakte) Information
Bezugszeitraum	tendenziell langfristig	eher kurzfristig
Verhaltensweise	antizipativ (proaktiv)	reaktiv

Abb. 2-1: Vergleich strategischer und operativer Planung und Kontrolle
[vgl. Bea, Haas (2005), S. 53; Pfohl, Stölzle (1997), S. 87]

Zu beachten ist, dass es sich bei strategischer Planung und Kontrolle zwar um ein langfristiges Konzept zur Entwicklung und Nutzung von Erfolgspotenzialen handelt, aber ebenso können kurz- oder mittelfristig getroffene Entscheidungen eine hohe strategische Bedeutung besitzen [vgl. auch Dillerup, Stoi (2011), S. 281]. Strategisch darf also nicht mit langfristig, operativ nicht mit kurzfristig gleichgesetzt werden!

2.1 Die Aufgaben der Planung und Kontrolle

Planung und Kontrolle dienen keinem Selbstzweck, sondern haben ein ganzes Bündel an Aufgaben [vgl. Wild (1982), S. 18; Töpfer (1976), S. 97; Welge, Al-Laham (2003), S. 111f.; Pfau (2001), S. 10f.]:

- **Zukunftssicherung**: Planung erfordert die Beschäftigung mit der Zukunft und den zu erwartenden Veränderungen in der Unternehmensumwelt. Die Analyse dieser Veränderungen und deren Auswirkungen auf das Unternehmen in Form von Chancen und Risiken sollen einen Beitrag zur Überlebens- und Wettbewerbsfähigkeit leisten.

- **Innovation**: Die Einführung von Innovationen am Markt oder im Unternehmen bedeutet stets die Abkehr von bekannten Lösungen und Wegen. Folglich hilft bei derartigen schlecht-strukturierbaren Fragestellungen die Planung vorweg mögliche Auswirkungen alternativer Wege zu bewerten und damit die Erfolgswahrscheinlichkeit einer Innovation zu verbessern.

- **Motivation**: Ziele durch Pläne schaffen ebenso Motivation, wie eine Beurteilung der Mitarbeiter anhand der Planerfüllung. Ziele und ggf. damit verbundene Anreize sollen zu zielkonformem Verhalten führen.

- **Koordination**: Für die Planung des komplexen Systems Unternehmen mit unterschiedlichen Bereichen und Sachaufgaben ist eine Aufteilung in Teilpläne zur Beherrschung der Komplexität und zur Berücksichtigung notwendiger Details erforderlich. Mit der Aufstellung von Teilplänen für Unternehmensbereiche entsteht aus den Zusammenhängen der Leistungserstellung und der finanzwirtschaftlichen Prozesse die Notwendigkeit, diese Teilpläne miteinander abzustimmen, beispielsweise die Absatz- mit den Produktionsmengen.

- **Information**: Die Ergebnisse der Planung und Kontrolle werden den für die Ausführung Verantwortlichen und den jeweiligen Vorgesetzten als Information zur Verfügung gestellt. Diese Informationen sind für die zieladäquate Feinsteuerung in der Ausführung, wie für die Kommunikation zwischen Mitarbeiter und Vorgesetzten, erforderlich. Die Detaillierung wird hierbei auf den zu vertretenden Verantwortungsbereich angepasst und mit steigender hierarchischer Position aus Übersichtlichkeit immer stärker verdichtet.

- **Optimierung**: Für die Erreichung der angestrebten Ziele sind die Ressourcen des Unternehmens im Rahmen ihrer Verfügbarkeit einzusetzen. Die mögliche Zielausprägung wird dabei von mindestens einem Engpassfaktor begrenzt. Für diesen Engpassfaktor wird im Rahmen der Planung der bestmögliche Einsatz gewählt, um so möglichst effizient zu wirtschaften. Als Beispiele für Engpassfaktoren sind begrenzte Kapazitäten in der Leistungserstellung (Maschinen, Menschen) oder begrenzte Verfügbarkeit von Rohstoffen oder Finanzen zu nennen.

- **Flexibilität**: Im Rahmen des Planungsprozesses erfolgt die Suche nach dem geeignetsten Weg zur Zielerreichung. Hierzu werden unterschiedliche Möglichkeiten erdacht und bewertet, z.B. eine Umsatzsteigerung durch neue Produkte, mehr Außendienstmitarbeiter oder neue Märkte. Diese Alternativen können bei nicht ausreichender Zielerreichung oder beim Scheitern der gewählten Handlungsalternative schnell zum Einsatz kommen (Plan-B, Schubladenpläne, Notfallpläne) und sich so flexibel an geänderte Bedingungen anpassen.

- **Kontrollfunktion**: Durch die Gegenüberstellung von Soll und Ist können Abweichungen ermittelt und Abweichungsanalysen durchgeführt werden. Nur durch die Festlegung von Planwerten und deren anschließende Kontrolle können Ergebnisse beurteilt werden.

2.2 Die Grundbestandteile eines Plans

Das Ergebnis des Planungsprozesses ist der Plan. Ein Plan ist eine verbindliche Vorgabe an die ausführenden Ebenen, um die Zukunft im Sinne des Unternehmens zu gestalten [vgl. Horváth (2009), S. 144f.]. Der Plan ist somit kein Blick in die Zukunft, sondern eine Zuordnung von Handlungen auf für die Ausführung

Verantwortliche mit einer klaren Zielerwartung. Um einen umsetzbaren und wirkungsvollen Plan zu erstellen sind folgende Bestandteile erforderlich [vgl. Wild (1982), S. 49ff.; Dillerup, Stoi (2011), S. 277f.]:

Diese Grundbestandteile eines Plans sind grundsätzlich für alle zukünftigen Vorhaben anwendbar. Die damit verbundenen Fragen gilt es sowohl in den wiederkehrenden Planungsprozessen wie auch in einer ad-hoc Sitzung zum Umgang mit einer Krisensituation zu beantworten. Nur wenn diese Bestandteile vollständig abgearbeitet wurden, sind die Voraussetzungen für eine funktionierende Delegation und arbeitsteilige Organisation in Teams gegeben.

Bestandteile eines Plans	Beschreibung	Beispiel
Ziele	Was soll in welchem Ausmaß erreicht werden?	Steigerung des Umsatzes um 30 % ggü. Forecast Vorjahr.
Problem-stellung	Warum? Was ist am bisherigen Zustand unbefriedigend? Welche Risiken sollen abgewehrt werden?	Der Handel nutzt die Vielzahl an Anbietern, um die Preise zu drücken, der Kunde kennt die Marke noch nicht ausreichend.
Prämissen	Unter welchen Bedingungen soll das Vorhaben ausgeführt werden? Welche Hindernisse sind abzusehen?	Neue Verkaufsverpackung zum 1.4. verfügbar, keine Preisunterbietung durch Wettbewerber, stabile Energie- und Rohstoffpreise.
Maßnahmen	Wie? Was ist konkret zu tun? Welcher Weg? Welche Aufgaben (-bündel)?	Relaunch des Produkts mit neuer Verpackung und Werbekampagne, Platzierung auf Aktionsflächen im Handel, neuer Promi als Werbeträger.
Ressourcen	Welche finanziellen, sachlichen oder personellen Mittel können / sollen eingesetzt werden?	1,2 Mio. € für Produktwerbung, 5 Mio. € für Absatzförderung (Handel), 3 Mio. € für Promi-Vertrag.

Termine	Wann beginnen welche Maßnahmen? Welche Berichts- oder Liefer- / Leistungstermine sind festgelegt? Bis wann sollen welche (Teil-) Ergebnisse geleistet sein?	Erstellung Fernseh- und Printwerbung bis 15.4. Produktionsumstellung zum 1.4. Lieferverträge mit Handelsketten überarbeiten bis 1.3. Abverkauf „Altware" über Sonderpostenmärkte bis 18.4. Verkaufsstart „Neuprodukt" zum 1.5. Schulung AD-Mitarbeiter bis 26.4. abgeschlossen, Umsatzsteigerung Monat 6: mind. +18% Monat 7-10 mind. +15%
Träger der Planerfüllung	Wer? Wer ist verantwortlich für die Erreichung des Ziels? Welche Mitarbeiter oder interne / externe Auftragnehmer sind für welche Teilziele und Maßnahmen verantwortlich?	Werbung: Hr. Schick (Leiter Marketing) mit Agentur Neue Verpackung: Fr. Paulsen (Marketing), Hr. Ling Lang (Logistik) und Hr. Klinsmann (Leiter Produktion) Handel: Fr. Schnell (Leiterin Vertrieb) Abverkauf „Altware" Hr. Rödel (VK-ID, Ndl. Köln)
Ergebnisse	Welche Wirkung wird erzielt? Welcher Nutzen stellt sich bei Zielerreichung ein?	Erhöhung der Bekanntheit, Verbesserung der Verhandlungsposition gegenüber Handel, Möglichkeit der Kostendegression, z.B. durch Erfahrungskurve, reibungslose Umstellung in Produktion und Logistik.

Abb. 2-2: Bestandteile eines Plans

2.3 Die Zeithorizonte der Planung und Kontrolle

In der Unternehmensführung wird neben der funktionalen Differenzierung der Pläne in normativ, strategisch und operativ (s. Kap. 1.2) auch eine Unterscheidung entsprechend dem Zeithorizont vorgenommen.

!!! Definition

„Der Zeithorizont der Planung bezeichnet den Zeitraum, für den ein Plan aufgestellt wird und über den er sich erstreckt". [Dillerup, Stoi (2011), S. 280]

In Theorie und Praxis ist eine Unterscheidung der Zeithorizonte in kurz-, mittel- und langfristig vielfach anzutreffen. Dies führt jedoch nicht zu einem einheitlichen Verständnis der damit verbundenen Planungshorizonte. Ursachen für eine unterschiedliche Definition liegen häufig in einer ungleichen zeitlichen Verkettung der Pläne (vgl. Kap. 7.1), in Besonderheiten der Branchen, Technologien und dem Unternehmen. Die folgende Tabelle bietet daher eine grundlegende Orientierung für die unterschiedlichen Planungshorizonte:

Planungsho-rizont	Zeithorizont	Tiefe der Darstellung	Sinnvolle Zeitin-tervalle
	ausgehend vom laufenden Jahr	inhaltlicher Detaillierungsgrad	zeitlicher Detaillierungsgrad
Langfristig	5 oder bis 10 Jahre	Gering	Jahre, Halbjahre, Quartale
Mittelfristig	3 oder bis 5 Jahre	Mittel	Jahre, Halbjahre, Quartale
Kurzfristig	bis 1 Jahr	Hoch	Gesamtjahr, Quartale, Monate, Wochen

Abb. 2-3: Planungshorizonte

Die folgende Abbildung zeigt zwei Beispiele für die praktische Ausgestaltung:

Planungs-horizont	Beispiel 1:	Beispiel 2:
Langfristig	5 Jahre	10 Jahre
Mittelfristig	3 Jahre	5 Jahre
Kurzfristig	bis 1 Jahr	bis 1 Jahr
	Vergleichsweise kurzlebige Branchen, z.B. Lebensmittel, Computer	Vergleichsweise langlebige Branchen, z.B. Maschinen-bau

Abb. 2-4: Beispiele unterschiedlicher Planungshorizonte

Einzelne Branchen können hiervon jedoch abweichen. So ist beispielsweise in der Industrie für Speicherchips mit schneller Folge von Innovationen ein Jahr bereits ein mittelfristiger Horizont. In einer Branche für Entwicklung und Betrieb von Wasserkraftwerken sind 20 Jahre eher als mittelfristige Planung anzusehen.

Generell gelten die genannten Planungshorizonte auch für die Kontrolle. Auf die verschiedenen Kontrollformen wird in Kap. 2.5 noch eingegangen.

2.4 Die Ziel-Dimensionen der Planung und Kontrolle

Der Einsatz von Planung und Kontrolle dient grundsätzlich der Erreichung der Unternehmensziele. Die Ziele im Rahmen der Unternehmensführung lassen sich anhand von zwei Dimensionen unterscheiden und müssen dementsprechend auch in Planung und Kontrolle berücksichtigt werden [vgl. Kosiol (1966), S. 212; Dambrowski (1985), S. 23ff.; Horváth (2009), S. 163; Dillerup, Stoi (2011), S. 281ff.]:

Sachziel:	Formalziel:
Reale Objekte oder Handlungen	Finanzielle Auswirkungen von Handlungen
Aktionsplanung und -kontrolle Sachzielorientierte Planung und Kontrolle: Festlegung und Erreichung von Sachzielen, zur Zielerreichung notwendige Aktivitäten / Maßnahmen	**Budgetplanung und -kontrolle (Budgetierung)** Formalzielorientierte Planung und Kontrolle: Festlegung und Erreichung von Formalzielen
Beispiel 1	Beispiel 1
Besuchs- und Reiseplanung für Außendienstmitarbeiter	Umsatzplanung, Kosten-(stellen)planung
Beispiel 2	Beispiel 2
Kapazitätsaufbau durch Investitionen in neue Maschinen	Umsatzplanung, Finanzplanung, Abschreibung, Kosten-(stellen)planung, Ergebnisrechnung

Abb. 2-5: Zieldimensionen

Aktionspläne und Budgets sind für das ganze Unternehmen und seine Verantwortungsbereiche zu erstellen und aufeinander abzustimmen. Die Detaillierung steigt mit kürzerem Planungshorizont, d.h. je näher die Umsetzung der Planung ist, desto größer ist auch die Möglichkeit und Notwendigkeit, sich mit den kommenden Bedingungen, Maßnahmen (Aktionsplanung) und deren finanziellen Auswirkungen (Budgets) auseinander zu setzen.

Die Erstellung der Pläne sollte stets beide Dimensionen vorsehen. Es gibt keine Vorteile, die für eine bestimmte Reihenfolge sprechen. In der Praxis ist in einem Unternehmen sowohl die Reihenfolge „Budgets basieren auf Aktionsplänen", als auch die Reihenfolge „Aktionspläne basieren auf Budgets" anzutreffen. Zu beobachten ist auch eine sich abwechselnde Reihenfolge, z.B. die grundsätzlichen Aktivitäten und Programme werden global geplant und liefern so mit einem Budget den Rahmen für die notwendigen und möglichen Aktivitäten. Diese Aktivitäten liefern wiederum die Grundlage für eine detaillierte Budgetierung.

Ein wesentlicher Teil der Kritik – unter der Bezeichnung Beyond oder Better Budgeting – an der Planung [vgl. Hope, Fraser (2003); Weber, Linder (2003)] basiert u.a. auf der sehr einseitigen Konzentration der Planung und Kontrolle auf die Budgetierung. Fehlen bei Planung und Kontrolle die Sachziele, so kann Budgetierung zu einer administrativen Übung fernab der betrieblichen Notwendigkeiten degenerieren. Dadurch, dass beide Sichtweisen (Objekte/Handlungen und deren finanzielle Auswirkungen) gemeinsam betrachtet werden, kann die Planung und Kontrolle handlungsleitend sein und Wirtschaftlichkeit sicherstellen.

2.5 Die Formen und Objekte der Kontrolle

Die Kontrolle als Gegenstück zur Planung kann in verschiedenen Ausprägungen erfolgen. Um welche Art von Kontrolle es sich handelt, lässt sich anhand von Zeitpunkt, Vergleichsgröße und Objekt unterscheiden [vgl. Wild (1974), S. 44; Küpper (2005), S. 191ff.]. Die Frage, was kontrolliert werden soll, führt zu den Objekten der Kontrolle. Das Kriterium Objekt führt zu folgenden Kontrollen [vgl. Siegwart, Menzl (1978), S. 105ff.; Frese (1968), S. 68f.; Küpper (2008), S. 211; Dillerup, Stoi (2011), S. 287f.]:

- **Ergebniskontrolle**: Wird das angestrebte Ergebnis erreicht?

- **Verfahrenskontrolle**: Wurden die Prozesse zweckgerichtet und fehlerfrei ausgeführt?

- **Verhaltenskontrolle**: Haben sich die Prozessbeteiligten entsprechend der gewünschten Ergebnisse verhalten?

- **Prämissenkontrolle**: gelten oder galten im betrachteten Zeithorizont die in der Planung angenommenen Rahmenbedingungen?

Die Vergleichsgrößen eines Planungsobjektes (z.B. Umsatz) sind in drei Ausprägungen darstellbar:

- **Ist**: realisierte Ergebnisse und Werte

- **Wird**: prognostizierte Ergebnisse und Werte

- **Plan/Soll**: geplante Ergebnisse und Werte

Dabei sind die Ergebnisse alle angestrebten Zielgrößen wie Umsatz, Kosten, ROI, ... Die Werte umfassen alle Größen, die im Rahmen des Planungsprozesses erfasst werden, um die (zukünftigen) Bedingungen während der Umsetzung zu beschreiben (z.b. Energieverbrauch einer Maschine, Wechselkurse, Wirtschaftswachstum).

Anhand des Zeitpunktes, zu dem die Kontrolle durchgeführt wird, sind folgende Kontrollarten zu unterscheiden:

- **Antizipierende Kontrolle** (Vorausschauende Kontrolle): Gegenüberstellung der geplanten Werte mit den aktuell prognostizierten Werten, um vor dem Umsetzungsbeginn mögliche Fehler in der Planung oder Änderungen in den Bedingungen zu erkennen. Beispielsweise zählen externe Faktoren zu derartigen Prämissen (Wechselkurse, Konjunktur), aber auch interne Planungsvoraussetzungen wie die Inbetriebnahme einer neuen Anlage zu einem festgelegten Termin als Prämisse für den Verkaufsstart.

- **Begleitende Kontrolle** (Planfortschrittskontrolle): Gegenüberstellung der geplanten Werte mit den aktuell realisierten Werten, um auf Basis der zugehörigen Abweichungsanalyse Gegensteuerungsmaßnahmen einleiten zu können. Die begleitende Kontrolle findet von Anfang bis zum Ende des Planungszeitraums statt (z.B. Kalenderjahr oder Projekt). Die auf Basis der begleitenden Kontrolle festgestellten Abweichungen und Ursachen sowie die eingeleiteten Maßnahmen führen zu einem neuen Erwartungswert (Forecast/Vorschau) gegenüber dem Plan oder, bei massiven Abweichungen, zu einer Neuplanung.

- **Nachlaufende Kontrolle** (Realisationskontrolle): Gegenüberstellung der geplanten Ergebnisse mit den realisierten Ergebnissen. Diese dienen zur Beurteilung der Verantwortlichen und deren Leistungen und, nach Analyse der Abweichungen, zur Verbesserung zukünftiger Planungs- und Führungsprozesse. Die nachlaufende Kontrolle dient somit auch dem Lernen aus gemachten Erfahrungen. Praktisch ist dies aber auch eine wichtige Kontrolle zur abschließenden Rechenschaft, z.B. über ein Geschäftsjahr oder ein Projekt.

2.6 Das Kontrollsystem

Für die Erfüllung der Kontrollaufgaben ist ein entsprechendes Kontrollsystem erforderlich. D.h., wenn die Planung als Gegenstück die Kontrolle aufweisen soll, müssen alle Bestandteile eines Plans wiederum Gegenstand der Kontrolle sein.

Dieses System muss den strukturellen und institutionellen Rahmen für die Kontrolle vorgeben. Die erforderlichen Gestaltungsaufgaben für den Aufbau eines Kontrollsystems beziehen sich im Wesentlichen auf folgende Elemente:

Bestandteile der Kontrolle	Beschreibung	Beispiel
Ziele	Zielkontrolle – haben wir die vereinbarten Ziele erreicht?	Steigerung des Umsatzes um 30 % ggü. Forecast Vorjahr.
Problemstellung	Verhaltenskontrolle – ist dieses Verhalten noch gegeben und damit die Grundlage für unsere Planung?	Der Handel nutzt die Vielzahl an Anbietern, um die Preise zu drücken, der Kunde kennt die Marke noch nicht ausreichend.
Prämissen	Verhaltenskontrolle – ist dieses Verhalten noch gegeben und damit die Grundlage für unsere Planung?	Neue Verkaufsverpackung zum 1.4. verfügbar, keine Preisunterbietung durch Wettbewerber, stabile Energie- und Rohstoffpreise.
Maßnahmen	Verfahrenskontrolle – werden die Dinge richtig gemacht?	Relaunch Position des Produkts mit neuer Verpackung und Werbekampagne, Platzierung auf Aktionsflächen im Handel, neuer Promi als Werbeträger.
Ressourcen	Ressourceneinsatz- und Kostenkontrolle – werden die Dinge wirtschaftlich und im Budget erledigt?	1,2 Mio. € für Produktwerbung, 5 Mio. € für Absatzförderung (Handel), 3 Mio. € für Promi-Vertrag.

Termine	Terminkontrolle – werden die Dinge termintreu erledigt?	Erstellung Fernseh- und Printwerbung bis 15.4. Produktionsumstellung zum 1.4. Lieferverträge mit Handelsketten überarbeiten bis 1.3. Abverkauf „Altware" über Sonderpostenmärkte bis 18.4., ...
Träger der Kontrolle	Ressourceneinsatz- und Verfahrenskontrolle	Werbung: Hr. Schick (Leiter Marketing) mit Agentur Neue Verpackung: Fr. Paulsen (Marketing), Hr. Ling Lang (Logistik) und Hr. Klinsmann (Leiter Produktion), ...
Ergebnisse	Ergebnis- und Wirkungskontrolle Haben wir durch unsere Ziele und Handlungen das bewirkt, was wir bewirken wollten?	Erhöhung der Bekanntheit, Verbesserung der Verhandlungsposition gegenüber Handel, Möglichkeit der Kostendegression, z.B. durch Erfahrungskurve, reibungslose Umstellung in Produktion und Logistik.

Abb. 2-6: Bestandteile der Kontrolle

Die Elemente des Kontrollsystems können wie folgt beschreiben werden:

• **Kontrollobjekte:** Zunächst erfolgt eine Bestimmung von quantitativen und/oder qualitativen Kontrollobjekten, wie z.B. Ziele, Prämissen oder Ergebnisse. Danach sind für die bestimmten Kontrollobjekte Standards zu formulieren, sofern das möglich ist. Je nachdem, wie viele Kontrollobjekte gleichzeitig einbezogen werden, unterscheidet man zwischen einer ein- oder mehrdimensionalen Kontrolle.

• **Kontrollbereiche:** Hier findet eine Abgrenzung des Kontrollfelds statt. Im Rahmen der Kontrolle lassen sich zwei große

Kontrollbereiche identifizieren, zum einen die unternehmens-externe Kontrolle und zum anderen die unternehmensinterne Kontrolle. Die unternehmensexterne Kontrolle bezieht sich dabei auf die unmittelbare Wettbewerbsumwelt und auf die globale Umwelt. Die unternehmensinterne Kontrolle dagegen bezieht sich auf das Gesamtunternehmen sowie auf die Geschäfts- und Funktionsbereiche.

- **Kontrollträger:** Die einzelnen Kontrollaufgaben sind geeigneten Kontrollträgern zuzuordnen. Die Kontrollträger müssen dann die Verantwortung für die übertragenen Kontrollaufgaben übernehmen. Bei der Delegation von Kontrollaufgaben und Verantwortung bestehen Gestaltungsalternativen: Einerseits hinsichtlich der Entscheidung für eine Selbstkontrolle oder Fremdkontrolle und andererseits bezüglich der Entscheidung für einen unternehmensinternen oder –externen Kontrollträger.

- **Kontrollprozess:** Der Kontrollprozess umfasst vier Teilphasen, die bei der Kontrolldurchführung zu berücksichtigen sind:

    – Bestimmung von Vorgabewerten (Sollwerte),

    – Ermittlung von Vergleichswerten (Istwerte/Wirdwerte/ Forecast),

    – Gegenüberstellung von Vorgabe- und Vergleichswerten (Soll-Ist-Vergleich bzw. Soll-Wird-Vergleich) zur Ermittlung der Abweichungen (z.B. Soll-Ist-Abweichung) und

    – Analyse der Abweichungsursachen.

    Weiterhin ist zu entscheiden, ob die Kontrollen verbindlich oder freiwillig bzw. zu welchen Zeitpunkten, mit welcher Häufigkeit und Dauer sie durchzuführen sind.

- **Kontrolltechnik:** Der Einsatz der Kontrolltechniken soll den Kontrollprozess noch unterstützen. Sie bestimmen maßgeblich die Leistungsfähigkeit des Kontrollprozesses. Als Kontrolltechniken können unter anderem Kennzahlensysteme, die

Balanced Scorecard, Plankostenrechung, Frühaufklärungssysteme, Szenario-Technik, Prognoseverfahren oder das Benchmarking verwendet werden.

- **Kontrollorganisation:** Speziell zwischen einer zentralisierten bzw. dezentralisierten Organisation der Kontrolle muss hier unterschieden werden. Die Zuordnung der Kontrolle auf Führungskräfte und spezielle Kontrollorgane erfolgt entsprechend der zugewiesenen Verantwortungsbereiche.

Zwischen den beschriebenen Elementen bestehen wechselseitige Abhängigkeiten, die bei der Gestaltung des Kontrollsystems zu berücksichtigen sind. Werden sie nicht beachtet, kann es zu Problemen bei der vorgestellten methodischen Vorgehensweise führen [vgl. Pfau (2001), S. 90 f.].

3. Personalmanagement und Führung

Eine zentrale Funktion der Unternehmensführung bildet das Personalmanagement. Dabei soll die Gesamtheit aller Mitarbeiter eines Unternehmens als „Personal" bezeichnet werden. Mitarbeiter entwickeln Strategien und sind für deren Implementierung und Kontrolle verantwortlich. Sie nehmen Beschaffungs-, Produktions- und Absatzaufgaben wahr, entwickeln neue Technologien und versorgen das Unternehmen mit Kapital [vgl. Bea, Haas (2005), S. 57]. So hängt die erfolgreiche Nutzung aller anderen Unternehmenspotenziale letztlich von den Mitarbeitern ab, man beschreibt sie daher auch als „Humankapital". Dadurch wird ihnen ein Vermögenswert zugeschrieben.

Auf der anderen Seite sind die Mitarbeiter aber auch selber Gegenstand der Gestaltung. Dies bezeichnet man als Human Ressource Management [vgl. ebenda, S. 537].

3.1 Das Personalmanagement

Das Personalmanagement lässt sich als Teil der Ebenen der Unternehmensführung darstellen. Die normative Ebene befasst sich im Rahmen des Personalmanagements mit der Gestaltung und Auswahl der geeigneten Führungsphilosophie und deren Umsetzung in einer betrieblichen Personalpolitik. In diesem Zusammenhang werden auch die Führungsgrundsätze sowie der geeignete Führungsstil festgelegt [Dillerup, Stoi (2011), S. 511f.].

!!! Definition

Personalmanagement umfasst alle personellen Gestaltungsmöglichkeiten zur Erreichung der Unternehmensziele [Wöhe, Döring (2008), S. 133].

Die übrigen Aufgaben des Personalmanagements sind – bis auf die (rein operative) Personalverwaltung – sowohl strategischer (Schaffung von Potenzialen) als auch operativer (Nutzung von Potenzialen, Ausführung) Natur. Das Personalmanagement befasst sich mit dem gesamten Aufgabenbereich von der Systemgestaltung bis zur Verhaltenssteuerung, die mit personellen Fragen im Unternehmen verbunden ist. Personalmanagement im Sinne der Systemgestaltung bedeutet, dass Regeln und Bedingungen geschaffen werden, welche die Beschaffung, Fortbildung, Versetzung, Entlohnung etc. des Mitarbeiters betreffen. Personalmanagement als Verhaltenssteuerung hingegen ist gleichbedeutend mit der Führung des Personals, d.h. mit Mitarbeiterführung durch den Vorgesetzten [vgl. Jung (2008), S. 7 f.].Die folgenden grundlegenden Aufgaben des Personalmanagement sind zu unterscheiden [vgl. Jung (2008), S. 5f.]:

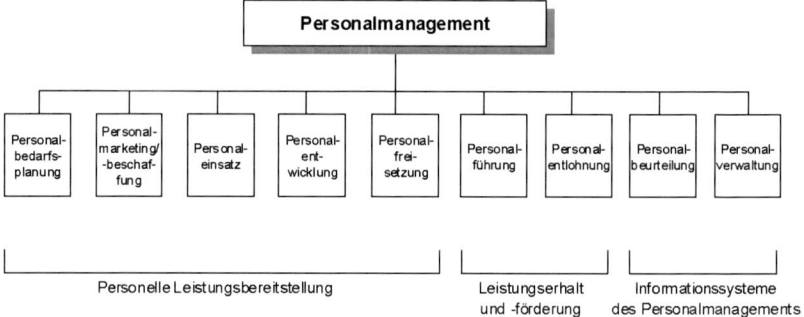

Abb. 3-1: Hauptaufgaben des Personalmanagements
[i.A.a. Jung (2008), S. 4]

Personalbedarfsplanung: Die richtige Zahl qualifizierter Mitarbeiter hat zum richtigen Zeitpunkt für die gewünschte Dauer am richtigen Ort zur Verfügung zu stehen. Dabei sind die individuellen Neigungen der Mitarbeiter sowie die wirtschaftlichen, technischen und organisatorischen Gegebenheiten inner- und außerhalb des Unternehmens zu berücksichtigen.

Personalmarketing: Ein Ziel ist die langfristige Bindung der Mitarbeiter an das Unternehmen. Um dieses zu erreichen, wird der Arbeitsmarkt in Bezug auf die Bedürfnisse und Erwartungen der Arbeitnehmer hin betrachtet. Darüber hinaus wird ähnlich dem Produktmarketing das eigene Unternehmen potenziellen Bewerbern gegenüber beworben. **Personalbeschaffung** ist somit Teil des Personalmarketings und hat die Beschaffung von Personal zur Beseitigung einer personellen Unterdeckung nach Anzahl, Art, Zeitpunkt, Dauer und Einsatzort zur Aufgabe.

Personaleinsatz: Es ist zu planen, wie viele und welche Mitarbeiter wann und wo für welche Aufgaben eingesetzt werden sollen. Es werden den Mitarbeitern anforderungs- und eignungsgerechte Stellen zugewiesen. Wichtige Aspekte bei der Planung des Personaleinsatzes sind auch Arbeitsgestaltung, Arbeitszeitgestaltung und Arbeitssicherheit.

Personalentwicklung: Hierunter fallen Maßnahmen zur Förderung sowie zur Aus-, Fort- und Weiterbildung der Mitarbeiter zur Steigerung der Mitarbeiterqualifikation.

Personalfreisetzung: In diesem Punkt wird alles zusammengefasst, was den Abbau personeller Überkapazitäten betrifft. Personalfreisetzung kann z.b. durch Einstellungsstopp, vorzeitige Pensionierung oder Kündigung erreicht werden.

Personalführung: Dies beinhaltet die zielorientierte Beeinflussung des Mitarbeiterverhaltens durch den Vorgesetzten (auf das Thema Personalführung wird in Kap. 3.2 vertiefend eingegangen).

Personalentlohnung: Personalentlohnung bezieht sich auf die geldlichen und geldwerten (z.B. Zuschuss zum Mittagessen, Firmen-PKW, Altersversorgung) Leistungen des Unternehmens an die Mitarbeiter.

Personalbeurteilung: Die Leistungen, das Verhalten und die Potenziale der Mitarbeiter werden erfasst. Die Personalbeurteilung ist damit z.b. Basis für eine leistungsbezogene Entlohnung von Mitarbeitern, den optimalen Personaleinsatz im Hinblick auf Fertigkeiten und Kenntnisse sowie Grundlage gezielter Personalentwicklungsmaßnahmen.

Personalverwaltung: Dies ist der Sammelbegriff für alle administrativen und routinemäßigen Aufgaben, die sich auf den arbeitenden Menschen beziehen. Hierzu zählen bspw. die monatliche Lohn- und Gehaltsabrechnung, Bescheinigungen für Arbeitnehmer und die Erstellung von Arbeitszeugnissen.

3.2 Die Personalführung

„Führung ist überall dort erforderlich, wo das Verhalten einer Vielzahl von Menschen auf Ziele hin koordiniert werden muss" [Jung (2008), S. 410]. Während sich die Unternehmensführung mit der Gestaltung und der Steuerung des Gesamtsystems des Unternehmens befasst und sachbezogen ist, geht die Personalführung auf das unmittelbare Verhältnis zwischen den Vorgesetzten und ihren Mitarbeitern ein und ist dadurch personenbezogen. Damit verbunden sind Fragen des Führungsstils und des Führungsverhaltens [Vahs (2005), S. 18].

!!! Definition

Personalführung ist die zielorientierte Verhaltensbeeinflussung der Mitarbeiter durch Vorgesetzte [vgl. Drumm (2005), S. 355]

Die Aufgaben der Personalführung bestehen ganz allgemein in der [Dillerup, Stoi (2011), S. 554; Stopp (2006), S. 151; Bröckermann (2007), S. 325]:

Information der Mitarbeiter: Diese müssen eingeführt, unterrichtet, eingewiesen/angewiesen und auf Veränderungen vorbereitet werden.

Leitung: Geeignete Mitarbeiter müssen ausgewählt werden, um eine rationelle Arbeitsweise zu gewährleisten. Diese müssen zu diesem Zweck mit Kompetenzen ausgestattet und entsprechend entlohnt werden, um Leistungsanreize zu schaffen.

Kontrolle: Kontrolle dient der Leistungsbewertung, der Verhaltenssteuerung, der Förderung, der Mitverantwortung und nicht zuletzt der Disziplinierung der Mitarbeiter.

Menschenführung: Mitarbeiter werden motiviert, weitergebildet und gefördert, um so einen Leistungsanreiz zu schaffen, die Einsatzbereitschaft zu fördern und die Qualifikation zu steigern.

Beziehungspflege: Die Mitarbeiter werden zum Mitdenken, gemeinschaftlichen Handeln und zur Mitwirkung angeregt. Ziel ist es, flexible, solidarische und kooperative Mitarbeiter mit Verständnis für Zusammenhänge im Unternehmen zu beschäftigen.

Die grundsätzlichen Entscheidungen über die Ausgestaltung der Personalführung erfolgt auf der normativen Ebene. Die Art und Weise des Führungsverhaltens wird durch die Führungsphilosophie, Personalpolitik, Führungsgrundsätze sowie Führungskultur bestimmt.

3.3 Die Führungsprinzipien

Führungsprinzipien sind konkrete Gestaltungsregeln, die Führungskräfte bei der Personalführung berücksichtigen sollen. Die meisten Führungsprinzipien sind heute als „Management by …"-Prinzipien bekannt [Jung (2008), S. 496]. Hierzu gehören z.B. das Management by Systems, Management by Motivation oder Management by Results [Jung (2008), S. 502f.; Dillerup, Stoi (2011), S. 565f.].

Einige der bekanntesten Konzepte der betrieblichen Praxis werden im Folgenden kurz erläutert. Dazu zählen das Management by Objectives, Management by Delegation und Management by Exception.

3.3.1 Management by Ojectives (MbO)

Management by Objectives wird als Führen durch Zielvereinbarungen beschrieben. Anstelle der üblichen Aufgabenorientierung tritt die Zielorientierung [Bröckermann (2007), S. 330].

Kerngedanke des MbO ist, dass grundsätzlich der Vorgesetzte mit dem Mitarbeiter gemeinsam Ziele erarbeitet. Allerdings macht die Führungskraft keine Vorschriften darüber, wie diese Ziele erreicht werden sollen. Es werden keine Arbeiten und Aufgaben vorgegeben, die nach bestimmten Regeln und Methoden erledigt werden wollen. Einzig und allein soll sich am Ziel orientiert werden. Die Entscheidung über Mittel und Methoden, um dieses Ziel zu erreichen, obliegt dem Mitarbeiter. Die Rolle des Vorgesetzten beschränkt sich damit auf die gemeinsame Zielvereinbarung und auf die anschließende Kontrolle. Dabei ist MbO nicht als einmaliger Führungsvorgang zu verstehen, sondern vielmehr als permanenter institutionalisierter Prozess [Jung (2008), S. 500].

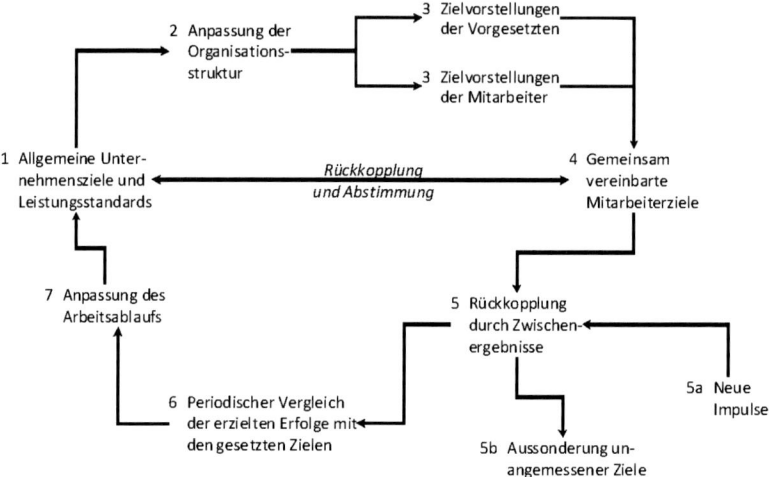

Abb. 3-2: Management by Objectives als Kreislaufschema
[Jung (2008), S. 500]

3.3.2 Management by Delegation (MbD)

Die Grundidee des MbD besteht in der möglichst weitgehenden Übertragung von Aufgaben, Entscheidungen und Verantwortung auf untergeordnete Hierarchieebenen. Den Mitarbeitern wird die Verantwortung für einen definierten Aufgabenbereich übertragen. Nur wenn dabei Probleme auftreten, kann der Vorgesetzte konsultiert werden. So übernimmt der Mitarbeiter die Handlungsverantwortung, während die Führungsverantwortung beim Vorgesetzten verbleibt [Dillerup, Stoi (2008), S. 565].

Verfolgt wird mit dem MbD das Ziel, den Vorgesetzten zu entlasten und den Mitarbeiter zu mehr Eigenverantwortung und Leistungsinitiative zu motivieren [Jung (2008), S. 499].

3.3.3 Management by Exception (MbE)

MbE sieht vor, dass die Mitarbeiter innerhalb eines vorgegebenen Rahmens selbständig entscheiden dürfen. Der Vorgesetzte greift nur in einem Ausnahmefall ein [Bröckermann (2007), S. 337]. Solche Ausnahmefälle sind dann dem Vorgesetzten mitzuteilen, damit dieser eine Entscheidung treffen kann. Dadurch wird das MbE auch als „Führung durch Abweichungskontrolle" bezeichnet [Dillerup, Stoi (2011), S. 566].

Ziel ist es, den Vorgesetzten von Routineaufgaben zu entlasten. Außerdem werden eindeutige Regelungen in Bezug auf die Zuständigkeiten gegeben [Jung (2008), S. 497].

Abb. 3-3: Ablauf des Management by Exception
[Jung (2008), S. 497]

4. Organisation

Unternehmen bestehen aus unterschiedlichen Teilbereichen, die verschiedene Ziele verfolgen und jeweils andere Aufgaben erfüllen. Diese Arbeitsteilung ist notwendig, um die Gesamtaufgabe des Unternehmens mit hoher Effizienz und Qualität erfüllen zu können [vgl. Hungenberg, Wulf (2006), S. 192]. Zur verbindlichen Regelung dieser Vielzahl an Aufgaben ist es wiederum erforderlich, einen Ordnungsrahmen zu schaffen. Dessen Gestaltung ist der Gegenstand der Unternehmensorganisation. Das Ergebnis dieser organisatorischen Gestaltung ist eine bestimmte Unternehmensstruktur [vgl. ebenda, S. 424]. Die Strukturen werden für alle Ebenen im Unternehmen festgelegt [vgl. Dillerup, Stoi (2011), S. 380].

4.1 Der Organisationsbegriff

!!! **Definition**

Unter dem Begriff **Organisation** werden dauerhafte, grundlegende Regelungen verstanden, die die Zusammenarbeit von Menschen in einem Unternehmen beeinflussen [Hungenberg, Wulf (2006), S. 192].

Auf Basis dieser Definition lassen sich die mit dem Organisationsbegriff bezeichneten Inhalte in drei Kategorien einteilen [vgl. Schulte-Zurhausen (2005), S. 1 ff.]:

- **Der institutionale Organisationsbegriff**: „Das Unternehmen ist eine Organisation." Dieser bezeichnet die Organisation als zielgerichtetes, offenes soziales System mit einer formalen Struktur. Struktur wird dabei gleichgesetzt mit Ordnung. Diese Ordnung regelt die Beziehung zwischen Aufgaben, Personen, Sachmitteln und Informationen. Hier wird daher auf bestimmte Eigenschaften der Organisation Bezug genommen.

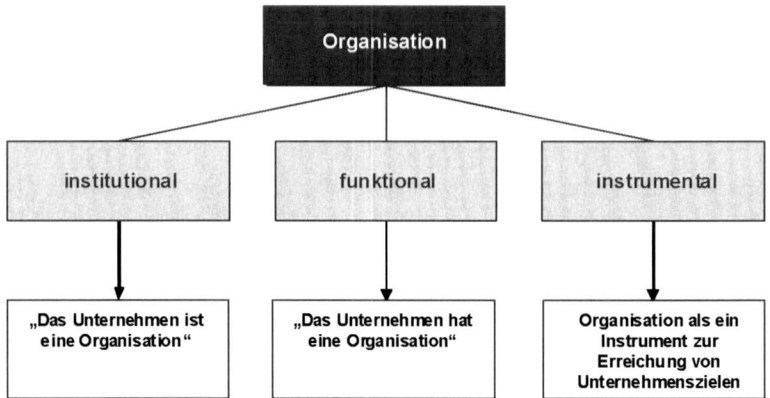

Abb. 4-1: Kategorisierung des Organisationsbegriffs
[vgl. Schulte-Zurhausen (2005), S. 1ff., modifiziert]

- **Der funktionale Organisationsbegriff**: „Das Unternehmen hat eine Organisation." Die Gestaltung wird als Schaffung von Organisationsstrukturen angesehen. Der funktionale Organisationsbegriff umfasst alle Aktivitäten, die im Zusammenhang mit der Planung, der Einführung und der Durchsetzung von organisatorischen Regeln verbunden sind (Gestaltung des formalen Gefüges).

Wenn mehrere Personen an einer gemeinsamen Aufgabe tätig sind, ist eine Arbeitsteilung unerlässlich. Je stärker allerdings eine Differenzierung hinsichtlich der Segmentierung der Arbeitsprozesse erfolgt, desto aufwendiger ist die damit verbundene Koordination der unterschiedlichen Arbeitspakete. Innerhalb der Organisationsgestaltung werden daher zwei grundlegende Aufgaben beschrieben [Schulte-Zurhausen (2005), S. 4]:

Arbeitsteilung: Auf Grund der begrenzten Arbeitskapazitäten eines jeden Unternehmens müssen Mitarbeiter und andere Ressourcen jeweils einzelne Teilaufgaben im gesamten Prozess der Leistungserstellung erfüllen. Diese Ressourcen müssen aufgeteilt werden. Wie stark diese Unterteilung im Einzelnen ausfällt, wird durch den Organisationsgrad ausgedrückt.

Koordination/Integration: Auf der anderen Seite besteht die Notwendigkeit, die gebildeten Einzelelemente wieder zusammenzuführen, damit das Unternehmen als Ganzes seine Aufgaben bestmöglich erledigen kann. Die übergeordnete Zielstellung – der Erfolg des Unternehmens – ist das zentrale Ziel aller Aufgabenbereiche. Diese Aufgabe wird durch die Koordination oder Integration beschrieben.

- **Der instrumentale Organisationsbegriff**: Die Organisation ist ein Instrument zur Erreichung von Unternehmenszielen. Die Ordnung, die durch ein System von Regeln gebildet wird, wird als ein Instrument beschrieben, mit deren Hilfe die Organisation zu dem wird, was sie ist. Diese Regeln beziehen sich vor allem auf die Verteilung von Aufgaben und Kompetenzen und auf die Abwicklung der Arbeitsprozesse zur Leistungserstellung.

4.2 Die Organisationsgestaltung

Vor diesem Hintergrund lassen sich zwei Teilaspekte der Organisation unterscheiden: die Gestaltung der institutionellen Struktur von Aufgabenträgern, auch Aufbauorganisation genannt, und die Gestaltung der räumlichen und zeitlichen Struktur der Aufgabenerfüllung, die Ablauforganisation [vgl. Hungenberg, Wulf (2006), S. 192].

!!! Merke

Die **Aufbauorganisation** gliedert ein Unternehmen in Teileinheiten (Stellenbildung), ordnet ihnen Aufgaben und Kompetenzen zu und ermöglicht die Koordination der verschiedenen Organisationseinheiten.

Der Ablauf des betrieblichen Geschehens findet seinen Niederschlag in der **Ablauforganisation** Sie regelt primär die inhaltliche, räumliche und zeitliche Folge der Arbeitsprozesse.

[entnommen aus: Vahs (2005), S. 30]

Dabei handelt es sich um einen gemeinsamen Sachverhalt, der aus unterschiedlichen Blickrichtungen beleuchtet wird: Es wird betrachtet, wie Menschen in Unternehmen arbeitsteilig Aufgaben erfüllen und welche grundsätzlichen Regelungsmöglichkeiten dabei bestehen [vgl. Hungenberg, Wulf (2006), S. 192].

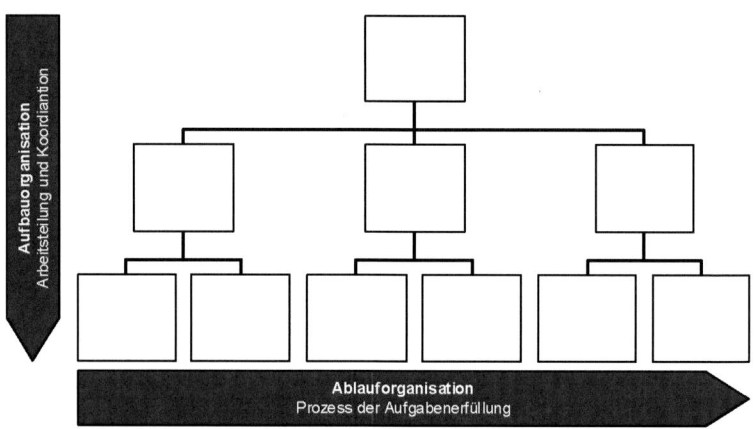

Abb. 4-2: Zusammenhang von Aufbau- und Ablauforganisation
[Hungenberg, Wulf (2006), S. 193]

Die Organisationsgestaltung hat bei der Gestaltung von Aufbau- und Ablauforganisation folgende Aufgaben zu erfüllen:

- **Bildung von Organisationseinheiten**: Organisationseinheiten sind Stellen und Gremien (z.B. Projektgruppen) [vgl. Vahs (2005), S. 68ff.]. Dabei wird eine Stelle als kleinste aufbauorganisatorische Einheit beschrieben. Sie entsteht durch die dauerhafte Zuordnung von Aufgaben [vgl. Schulte-Zurhausen (2005), S. 150]. Im Rahmen der Stellenbildung werden die definierten Teilaufgaben bestimmten Stellen zugeordnet.

- **Gestaltung von Kommunikationswegen**: Die Unter- und Überordnungsverhältnisse, hinsichtlich der Gestaltung der Aufbauorganisation, zwischen den Organisationseinheiten sowie die damit verbundenen Kommunikationswege zum

Zweck der Koordination sind weitere gestaltungsbezogene Aufgaben.

- **Zuordnung von Kompetenzen und Verantwortung**: Kompetenzen sind die einem Stelleninhaber übertragenen formalen Rechte und Befugnisse, die ihn zu den Handlungen legitimieren, die zur ordnungsgemäßen Erfüllung der Stellenaufgaben notwendig sind [vgl. Schulte-Zurhausen (2005), S. 162]. Verantwortung beinhaltet die Pflicht einer Person, für die Erfüllung einer Aufgabe persönlich Rechenschaft abzulegen [vgl. Schulte-Zurhausen (2005), S. 163].

- **Prozessorganisation**: Da das Prozessdenken immer mehr an Bedeutung gewinnt, sind es auch die Prozesse, die zunehmend den Ausgangspunkt für die organisatorische Gestaltung bilden. Es geht bei der Regelung von Prozessen nicht mehr nur darum, sie in eine bestehende Aufbaustruktur einzupassen, sondern die Prozessregelung selbst wird zum bestimmenden Faktor für die Aufbaustruktur [vgl. Hungenberg, Wulf (2006), S. 228].

- **Projektorganisation**: Aufgrund einer zunehmenden Anzahl neuartiger und komplexer Fragestellungen wird eine Flexibilisierung der Organisation gefordert. Die Eigenständigkeit der Projektaufgabe und die eigenständige Erfüllung durch die Projektorganisation sind die wesentlichen Kennzeichen (und Vorteile) gegenüber der typischen Primärorganisation [vgl. Hungenberg, Wulf (2006), S. 234]. So können Projekte flexibel eingerichtet und aufgelöst werden.

4.3 Die Gestaltungsparameter der Organisation

In der Unternehmenspraxis finden sich viele unterschiedliche Lösungen, mit deren Hilfe Unternehmen versuchen, Arbeitsteilung und Koordination zu regeln. Diese Einzellösungen lassen sich auf wenige Grundformen der Organisation zurückführen (s. Kap. 4.4). Die Grundformen wiederum entstehen durch unterschiedliche Ausprägungen und Kombination bestimmter organisatorischer Gestaltungsparameter [vgl. Hungenberg, Wulf (2006), S.

201]. Es werden hier drei Gestaltungsparameter unterschieden [vgl. Hungenberg, Wulf (2006), S. 201]:

- (Aufgaben-)Spezialisierung,

- Gestaltung der Weisungsbefugnisse,

- Verteilung der Entscheidungsaufgaben.

4.3.1 Spezialisierung

Die Verteilung von Aufgaben auf Aufgabenträger stellt den Ausgangspunkt jeder organisatorischen Strukturierung dar. Durch sie entsteht erst die Arbeitsteilung, wodurch sich die einzelnen Aufgabenträger auf bestimmte Aufgaben konzentrieren [Hungenberg, Wulf (2006), S. 201].

Unterscheiden sich die Teilaufgaben der verschiedenen Aufgabenträger nicht inhaltlich, handelt es sich um eine Mengenteilung, keine Spezialisierung

Eine (echte) Spezialisierung liegt dann vor, wenn es zu einer inhaltlichen Arbeitsteilung kommt, also wenn die verschiedenen Aufgabenträger Teilaufgaben unterschiedlicher Art erfüllen [Vahs (2005), S. 66]. Die Grundformen der Spezialisierung werden an Hand von Funktionen, Objekten, Hierarchien und Phasen unterschieden (s. Abb. 4-3).

Bei der **funktionalen Spezialisierung** werden die zu erfüllenden Aufgaben so auf die Aufgabenträger verteilt, dass jeder nur eine bestimmte Funktion bzw. Verrichtung ausübt. Diese werden wiederum an unterschiedlichen Objekten erfüllt. Ein Aufgabenträger (oder Gruppe gleichartiger Aufgabenträger) übernimmt dann z.B. die Funktion „Beschaffung von Einsatzstoffen" oder „Produktion der eigenen Produkte" [Hungenberg (2006), S. 202].

Die **objektorientierte Spezialisierung** liegt vor, wenn die Arbeitsteilung an den Besonderheiten der Objekte ausgerichtet ist. Objekte können sein [vgl. Hungenberg, Wulf (2006), S. 202]:

- **Produkte**: In diesem Fall ist der Aufgabenträger nur für einen Teil der Produktpalette, z.B. für ein bestimmtes Produkt oder eine Produktart, zuständig und übernimmt für dieses Produkt alle Funktionen. Andere Aufgabenträger übernehmen die notwendigen Funktionen für andere Produkte.

- **Regionen**: Ein Aufgabenträger ist für eine bestimmte Region zuständig und verantwortet sämtliche Funktionen und Produkte innerhalb dieses Bereichs.

- **Kunden**: Hier betreut ein Aufgabenträger eine bestimmte Kundengruppe, wie dies z.B. häufig im Bankgewerbe bei der Unterteilung in Firmen- und Privatkunden anzutreffen ist [Hungenberg, Wulf (2006), S. 202f.].

Die **hierarchische Spezialisierung** beschreibt die „qualitative Trennung zwischen der Durchführung der Aufgaben einerseits und ihrer Planung und Kontrolle andererseits" [Schulte-Zurhausen (2005), S. 154]. Mit der hierarchischen Spezialisierung wird der Entscheidungs- und Kontrollspielraum bei der Aufgabendurchführung festgelegt. Je eigenständiger ein Aufgabenträger darüber entscheiden kann, wie und wann er seine Aufgaben durchführt, je geringer sein Arbeitsverhalten durch Regeln, direkte Anweisungen oder technische Einrichtungen diktiert wird, um so weniger hierarchisch spezialisiert ist seine Arbeit [Schulte-Zurhausen (2005), S. 154].

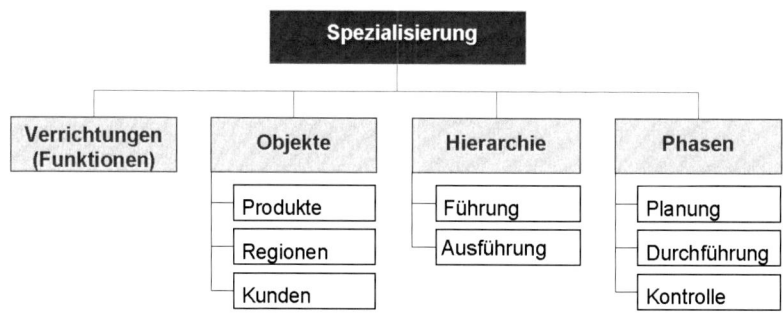

Abb. 4-3: Grundformen der Spezialisierung
[Dillerup, Stoi (2011), S. 384]

Die formale **Gliederung nach den Phasen** Planung, Durchführung und Kontrolle ist auf jede Aufgabe anwendbar [vgl. Schulte-Zurhausen (2005), S. 155]. Unter Planung wird allgemein die systematische gedankliche Vorwegnahme zukünftiger Geschehnisse verstanden. Die Durchführung bzw. Realisation beinhaltet die Umsetzung des Geplanten. Unter Kontrolle kann jede Art von Überwachung und Prüfung verstanden werden. Das Geplante (Soll-Werte) wird mit dem Realisierten (Ist-Werte) verglichen und auf Abweichungen untersucht [ebenda, S. 155].

4.3.2 Weisungsbefugnis

Die Gestaltung der Weisungsbefugnisse soll die Aufgabenerfüllung in den gebildeten Organisationseinheiten sicherstellen und eine möglichst reibungslose Abstimmung zwischen den einzelnen Einheiten ermöglichen [vgl. Hungenberg, Wulf (2006), S. 204]. Es werden zwei Grundformen der Gestaltung von Weisungsbefugnissen unterschieden:

!!! Merke

Als Grundformen der Gestaltung von Weisungsbefugnissen werden Einliniensysteme und Mehrliniensysteme unterschieden.

In einem **Einliniensystem** hat jede Stelle, bis auf die Unternehmensleitung, nur eine direkt übergeordnete Instanz, die gegenüber der untergeordneten Stelle über Kompetenzen zur Entscheidung, Genehmigung, Anweisung und Veto verfügt. Mitarbeiter unterstehen damit stets nur einem Vorgesetzten, dem sie allein für die Aufgabenerfüllung verantwortlich sind.

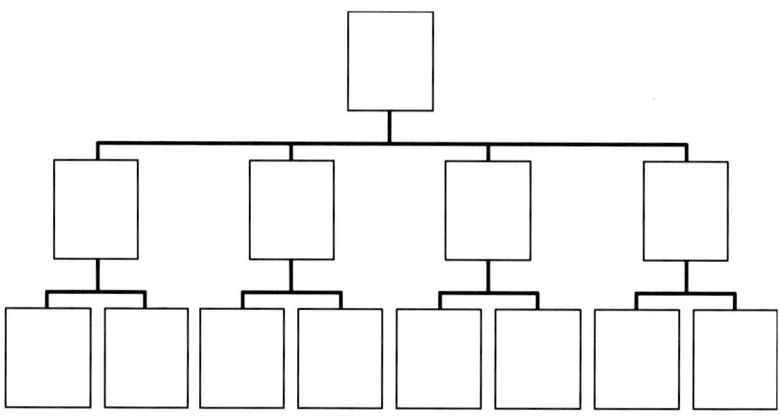

Abb. 4-4: Einliniensystem [Hungenberg, Wulf (2006), S. 204]

Können dem gegenüber einzelne Stellen von mehreren Instanzen Weisungen erhalten, so handelt es sich um ein **Mehrliniensystem** [vgl. Hungenberg, Wulf (2006), S. 206]. Spezialisierte Fachvorgesetzte treffen auf ihrem Gebiet qualifizierte Entscheidungen und Anweisungen. Dabei kommt es zu Mehrfachunterstellungen der Mitarbeiter. Da die Mitarbeiter sich mit ihren Problemen direkt an den betreffenden Spezialisten wenden können, wird dieses auch als das Prinzip des kürzesten Weges bezeichnet [Schulte-Zurhausen (2005), S. 252].

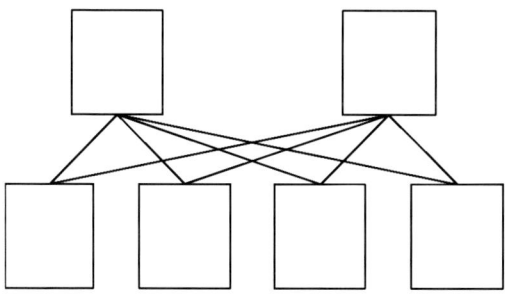

Abb. 4-5: Mehrliniensystem [Hungenberg, Wulf (2007), S. 210]

Bei einer Gegenüberstellung beider Leitungssystems lässt sich feststellen, dass die Vorteile des einen Systems die Nachteile des anderen darstellen und umgekehrt. Nachfolgende Tabelle gibt einen Überblick über Vor- und Nachteile (s. Abb. 4-6):

Einliniensystem	Mehrliniensystem
Vorteile	
• einheitlich und klar geregelte Weisungsbeziehungen • eindeutige Kompetenzregelung • gute Kontrollmöglichkeiten	• Spezialisierung durch Verteilung • Verbesserung und Beschleunigung von Entscheidungsprozessen • direkte Weisungs- und Informationswege
Nachteile	
• von oben nach unten gerichtete Kommunikationswege • langwierige Entscheidungsprozesse bei bereichsübergreifenden Problemstellungen	• unklare Abgrenzung der Zuständigkeiten, Weisungen und Verantwortung • Gefahr von Kompetenzkonflikten und widersprüchlichen Anweisungen durch Mehrfachunterstellungen • hoher Abstimmungs- und Kommunikationsaufwand

Abb. 4-6: Vergleichende Bewertung des Einlinien- und Mehrliniensystems [vgl. Schulte-Zurhausen (2005), S. 252; Macharzina, Wolf (2005), S. 482f.]

Diese zwei klassischen Leitungssysteme wurden mit unterschiedlichen Zielsetzungen entwickelt [vgl. Schulte-Zurhausen (2005), S. 253]:

• Bei der Gestaltung nach dem Einliniensystem liegt das Prinzip der Einheit der Auftragserteilung zugrunde. Eine klare Zuordnung von Verantwortung sowie eine reibungslose Koordination sollen gewährleistet werden.

• Das Mehrliniensystem dagegen soll durch Spezialisierung der Leitungsfunktionen qualifizierte Entscheidungen und Weisungen bewirken.

Eine in der Praxis häufig anzutreffende Variante des Einliniensystems ist das Stab-Liniensystem (s. Abb. 4-7). Die Grundidee besteht darin, übergeordnete Linieninstanzen durch ein ständiges Hilfsorgan, den Stab, zu entlasten. Hierzu werden die

Entscheidungsvorbereitung sowie die Beschaffung, Aufbereitung und Auswertung von Informationen an eine Stabsstelle delegiert. Die Entscheidungskompetenz verbleibt allerdings bei der Linie [vgl. Schulte-Zurhausen (2005), S. 253]. Die Stabsstelle ist nur in Ausnahmen (z.B. Stabstellenhierarchie, vgl. hierzu Schulte-Zurhausen (2005), S. 305) weisungsbefugt.

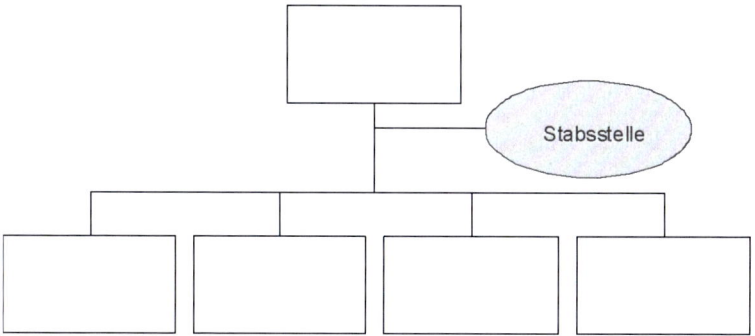

Abb. 4-7: Stab-Liniensystem [Dillerup, Stoi (2011), S. 387]

!!! Merke

„Eine Stab-Linien-Organisation delegiert die Entscheidungsvorbereitung auf Stabsstellen, während die Entscheidungskompetenzen bei der Linieneinheit verbleiben." [Dillerup, Stoi (2011), S. 386].

Durch die Spezialisierung in den Stabsstellen wird eine verbesserte Entscheidungsvorbereitung ermöglicht. Daraus resultiert für die Linie eine höhere Qualität der Entscheidungen. Außerdem gelangt die Linie zu einem besseren Informationsstand [Schulte-Zurhausen (2005), S. 253].

Als Nachteile der Stab-Linien-Organisation sind vor allem zwei Punkte anzumerken [vgl. ebenda, S. 305f.]:

- Das Konzept basiert auf der Teilung zwischen Entscheidungsvorbereitung (im Stab) und Entscheidungsdurchführung (in der Linie). Die Linieneinheiten haben dadurch kaum Gelegenheit, die Richtigkeit der als Entscheidungsgrundlage dienenden Informationen zu prüfen. Die Linieneinheiten sind damit stark von ihren Stäben abhängig. Diese wiederum haben so die Möglichkeit der Informationsmanipulation und können informell Macht über die Linie ausüben.

- Die Trennung der Aufgaben zwischen Stab und Linie ist in der Praxis oft nicht eindeutig genug. So kommt es zu Kompetenzstreitigkeiten und damit Konflikten zwischen Stab und Linie.

4.3.3 Verteilung der Entscheidungsaufgaben

Als dritter Gestaltungsparameter war die Verteilung der Entscheidungsaufgaben benannt. Von der Entscheidungsverteilung maßgeblich abhängig ist der Grad der Autonomie von Organisationseinheiten [vgl. Hungenberg, Wulf (2006), S. 205]. Die Verteilung von Entscheidungsaufgaben auf die verschiedenen Führungsebenen eines Unternehmens wird auch unter den Stichworten Zentralisation und Dezentralisation diskutiert [vgl. ebenda, S. 205].

Die Unternehmensführung fällt ...				
...alle wesentlichen Entscheidungen	...alle Entscheidungen zur Koordination der Bereiche	...alle Entscheidungen zur Zielsetzung der Bereiche	...Entscheidungen für den Zusammenhalt der Bereiche	...keine Entscheidungen, sie sichert den Informations- austausch
Führung	Koordination	Direktion	Kohäsion	Information
Zentralisation				
				Dezentralisation

Abb. 4-8: Klassifikation von Dezentralisationsgraden
[Hungenberg, Wulf (2008), S. 212]

Die beiden Begriffe stehen gleichzeitig für die Extrempunkte der Entscheidungsverteilung: Zentralisation für die vollständige Bündelung von Entscheidungsaufgaben in der Unternehmensspitze,

Dezentralisation für die vollständige Verteilung auf nachgeordnete Einheiten.

In der Praxis sind beide Extreme mit Erfolg für das Unternehmen kaum realisierbar. Daraus folgt, dass es sich bei der Verteilung von Entscheidungsaufgaben letztlich um die Bestimmung des Dezentralisierungsgrades handelt [vgl. Hungenberg, Wulf (2006), S. 207].

4.4 Die Grundformen der Organisation

Durch die Kombination unterschiedlicher Ausprägungen der oben beschriebenen Gestaltungsparameter (Aufgabenspezialisierung: funktional oder objektorientiert; Weisungsbefugnisse: Einlinien- oder Mehrliniensystem; Entscheidungsaufgaben; Zentralisation oder Dezentralisation) können verschiedene Grundformen der Aufbauorganisation gebildet werden [vgl. Hungenberg, Wulf (2006), S. 208]. Praktisch sind insbesondere drei Grundformen relevant:

- **Funktionale Organisation**

- **Divisionale Organisation**

- **Matrixorganisation**

Die Reinformen dieser Organisationstypen sind in der Praxis eher selten zu finden, doch lassen sich die realen Organisationsformen auf diese Grundtypen zurückführen [Hungenberg, Wulf (2006), S. 208]. Die Variationen ergeben sich durch Kombinationen mit dem Ziel, die Stärken der einen Form zu nutzen, um die Schwächen der anderen damit auszugleichen.

4.4.1 Funktionale Organisation

Bei der funktionalen Organisation findet eine Spezialisierung hinsichtlich der Funktionen bzw. Verrichtungen eines Unternehmens statt.

Als ein Beispiel können in einem Unternehmen die Funktionen Forschung und Entwicklung, Beschaffung, Produktion und Absatz voneinander abgegrenzt werden (s. Abb. 4-9). Auf einer weiteren Gliederungsebene ließen sich dann wiederum organisatorische Einheiten nach den verschiedenen Aufgaben bilden. Im Bereich Absatz könnte z.b. weiter differenziert werden in die Funktionen Marktforschung, Marketing und Vertrieb [vgl. Hungenberg, Wulf (2006), S. 209].

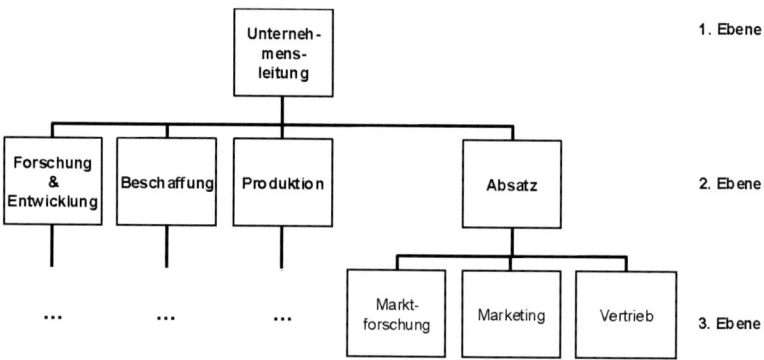

Abb. 4-9: Funktionale Organisation
[vgl. Hungenberg, Wulf (2006), S. 209]

Die Leitung des Unternehmens folgt dabei dem Prinzip des Einliniensystems [vgl. Schulte-Zurhausen (2005), S. 259]. Jeder Mitarbeiter erhält damit nur von jeweils einer Stelle, seinem direkten Vorgesetzten, Weisungen. Da aber alle Bereiche zusammen wirken müssen, um die Kundenanforderungen zu erfüllen, und starke Interdependenzen bestehen, ist eine gute Koordination notwendig [Dillerup, Stoi (2011), S. 389f.]. Dadurch ergibt sich eine eindeutige Tendenz zur Zentralisation der Entscheidungsaufgaben. Im Speziellen gilt dies für alle strategischen Entscheidungen, die funktionsübergreifend gefällt werden [Hungenberg, Wulf (2006), S. 210]. Aber auch operative Entscheidungen werden zur Koordination der Bereiche in hohem Maß von der Unternehmensführung beeinflusst.

Klassischerweise wird diese Organisationsform bei kleinen und mittleren Unternehmen mit relativ homogenem Produktprogramm gewählt, welche unter relativ stabilen Umweltbedingungen operieren [Hungenberg, Wulf (2006), S. 210].

Funktionale Organisationen haben folgende Vorteile [vgl. Dillerup, Stoi (2011), S. 390]:

- Spezialisierung und Aufbau funktionsspezifischer Fähigkeiten: Einzelne Bereiche können sich ausschließlich auf die ihnen gestellte Teilaufgabe konzentrieren und ihr Wissen dort auf dem aktuellsten Stand halten.

- Lern- und Erfahrungskurveneffekte: Je mehr Aufgaben routinemäßig zu erbringen sind, desto besser können Abläufe verbessert und die Effizienz gesteigert werden.

- Klare Verantwortlichkeiten: Es ist unmittelbar ersichtlich, wer für welche Funktion zuständig und verantwortlich ist.

Nachteile der funktionalen Organisation sind [vgl. Dillerup, Stoi (2011), S. 390]:

- Hoher Koordinationsaufwand zwischen Bereichen und Funktionen: Alle übergreifenden Entscheidungen müssen von der Unternehmensführung getroffen werden. Prozesse über Bereichsgrenzen hinweg können recht schwerfällig werden.

- Es gibt Rivalitäten zwischen den Funktionsbereichen aufgrund unterschiedlicher funktionaler Interessen.

- Bereichsegoismen: Funktionale Strukturen lenken den Blickwinkel von Führungskräften auf ihre Bereiche und verstellen den Blick für die Anforderungen des gesamten Unternehmens. Eine funktionale Spezialisierung erschwert zudem den Wechsel von Mitarbeitern in andere Bereiche.

- Fehlende Ergebnisverantwortung: Die Ergebnisverantwortung liegt ausschließlich bei der Unternehmensführung.

4.4.2 Divisionale Organisation

Bei der divisionalen Organisation wird ein Unternehmen nach Objekten strukturiert. Objekte können Produktgruppen, Kundengruppen oder Regionen sein [vgl. Dillerup, Stoi (2011), S. 391]:

- Die Differenzierung nach Produkten bietet sich an, wenn Produkte sich hinsichtlich Kunden, Wettbewerbsstrukturen und Leistungserstellungsprozessen deutlich voneinander unterscheiden.

- Eine Differenzierung nach Kundengruppen ist sinnvoll, wenn das Unternehmen sehr heterogene Kundensegmente mit unterschiedlichen Bedürfnissen bedient (z.b. Geschäftskunden und Privatkunden im Bankenbereich).

- Insbesondere für international tätige Unternehmen kann eine Differenzierung nach Regionen zweckmäßig sein, z.b. wenn wichtige Aufgaben „vor Ort" wahrgenommen werden sollen oder die unmittelbare Marktnähe für ein Unternehmen von Vorteil ist [vgl. Vahs (2005), S. 152].

Wie bei der funktionalen Organisation beruht das Leitungssystem auf dem Einlinienprinzip. Aufgrund der Zentralisation nach Objekten entstehen Organisationseinheiten, die Divisionen, Geschäftsbereiche oder Sparten genannt werden und für ihren jeweiligen Objektbereich unternehmerisch verantwortlich sind [vgl. Vahs (2005), S. 150]. Die Divisionen selbst sind häufiger auf der dritten Ebene weiter nach Funktionen unterteilt. Abb. 4-10 zeigt den Aufbau einer nach Produkten strukturierten divisionalen Organisation.

Die Einrichtung einer divisionalen Organisation setzt eine ausreichende Unternehmensgröße voraus. Nur in einem ausreichend großen Unternehmen ist es auch unter Kostengesichtspunkten sinnvoll, gleichartige Funktionen in verschiedenen Divisionen zu schaffen [vgl. Vahs (2005), S. 159].

Divisionale Organisationen haben folgende Vorteile [vgl. Vahs (2005), S. 159; Schulte-Zurhausen (2005), S. 272f.; Dillerup, Stoi (2011), S. 393]:

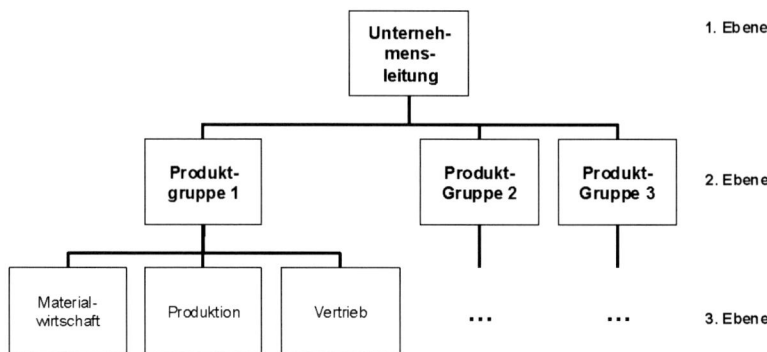

Abb. 4-10: Divisionale produktorientierte Organisation
[i.A.a. Vahs (2005), S. 150]

- Marktorientierung: Die Divisionen sind überschaubare, eigenständige Einheiten, die sich ganz auf die Besonderheiten eines bestimmten Produktes, einer Region oder einer Kundengruppe konzentrieren können.

- Flexibilität: Durch die größere Marktnähe werden Umfeldentwicklungen schneller erkannt und es ist möglich, rasch und selbständig darauf zu reagieren.

- Autonomie: Die weitgehende unternehmerische Selbständigkeit der Spartenleiter erhöht die Motivation und ermöglicht eine bessere Erfolgsbeurteilung. Entscheidungen können rasch getroffen und realisiert werden.

- Entlastung der Unternehmensführung: Diese kann sich stärker auf übergreifende, strategische Fragen konzentrieren.

Nachteile hingegen sind [vgl. ebenda]:

- Bereichsegoismen: Die Divisionen verfolgen ihre eigenen Ziele – auch wenn dies zu Lasten des Gesamtunternehmens geht. Es besteht die Gefahr einer kurzfristigen Gewinn- und Rentabilitätsorientierung.

- Konflikte: Im Falle gemeinsam genutzter Ressourcen oder gemeinsamer Kunden können Konflikte entstehen. Hier ist übergreifende Koordination erforderlich.

- Geringe Ressourceneffizienz: Die Dezentralisierung kann zu Doppelarbeiten (z.b. eine Personalabteilung in jeder Division) und Redundanzen führen. Spezialisierungsvorteile gehen verloren.

4.4.3 Matrixorganisation

Die Matrixorganisation unterscheidet sich von den beiden anderen Grundtypen dahingehend, dass die Organisationseinheiten der zweiten Hierarchieebene unter gleichzeitiger Anwendung zweier Gestaltungsdimensionen gebildet werden [vgl. Vahs (2005), S. 162]. Es handelt sich daher um eine Zweilinienorganisation. Die Mitarbeiter der dritten Ebene sind zwei Instanzen unterstellt.

Als Gliederungskriterien dienen Funktionen und Objekte (Produkte, Märkte, Kunden, Regionen, Projekte). Es erfolgt meistens zugleich eine funktionale und objektorientierte Aufgabenspezialisierung [vgl. Hungenberg (2008), S. 348]. Im Grundmodell werden die Weisungsbefugnisse gleichberechtigt auf beide Dimensionen aufgeteilt. Dadurch sollen die Koordination im Unternehmen optimiert und bewusst Konflikte heraufbeschworen werden, um nach kreativen und produktiven Lösungen zu suchen [ebenda, S. 348]. Die ausgewogene Berücksichtigung beider Interessen soll zu qualitativ besseren Entscheidungen beitragen.

Die Matrixorganisation besteht aus der Matrixleitung, den Matrixstellen und den Matrixschnittstellen [vgl. Dillerup, Stoi (2011), S. 395]. Die Matrixstellen sind der Unternehmensführung unmittelbar unterstellt und gegenüber den Matrixschnittstellen weisungsbefugt. Bei den Matrixschnittstellen handelt es sich entweder um reine Ausführungsstellen oder um Leitungsstellen, denen weitere Organisationseinheiten zugeordnet sind [vgl. Vahs (2005), S. 163]. Die Matrixorganisation entstand, um die Stärken der beiden eindimensionalen Organisationsformen zu kombinieren und ihre jeweiligen Schwächen zu vermeiden.

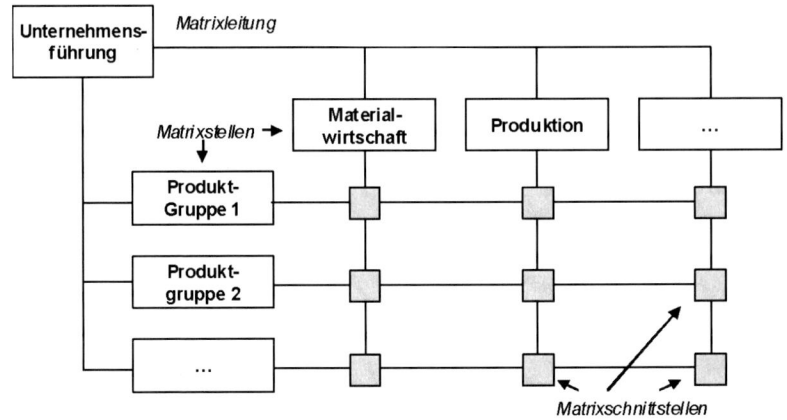

Abb. 4-11: Matrixorganisation
[vgl. Vahs (2005), S. 163]

Entsprechend gelten die Vorteile der beiden eindimensionalen Organisationsformen auch hier. Darüber hinaus zeichnet sich die Matrixorganisation durch folgende Vorteile aus [vgl. Vahs (2005), S. 165; Dillerup, Stoi (2011), S. 396]:

- Innovative Problemlösungen: Probleme werden unter Berücksichtigung unterschiedlicher Aspekte betrachtet.

- Eine mehrdimensionale Entscheidungsfindung wird ermöglicht.

- Innerbetriebliche Kooperation und der Aufbau von Konsens werden unterstützt. Dies trägt zur Koordination komplexer Aufgabenstellungen bei.

- Durch das zugrunde liegende Mehrliniensystem werden die Kommunikationswege verkürzt.

- Es erfolgt eine Spezialisierung der Leitungsfunktionen. Dadurch kann eine Entlastung der Unternehmensspitze erreicht werden.

Allerdings besitz die Matrixorganisation in der Realität einige zusätzliche Schwachstellen, die in dieser Form weder bei der funktionalen noch bei der divisionalen Organisation auftreten [vgl. Hungenberg, Wulf (2006), S. 220; Schulte-Zurhausen (2005), S. 254]:

- Durch die Mehrfachunterstellung der Mitarbeiter besteht die Gefahr von Kompetenzkonflikten. Daraus resultieren häufig auch Machtkämpfe – nicht nur um Mitarbeiter, sondern auch um Ressourcen. Ein hoher Kommunikationsbedarf sowie lang andauernde Entscheidungsfindungen sind eine mögliche Folge. Es sind aufwändige Regelungen für die Kompetenzen zu treffen. Die eigentlich angestrebte Entlastung der Führungsspitze gerät unter Druck, falls die beiden Matrixstellen mit der Matrixschnittstelle zu keiner einvernehmlichen Lösung finden.

- Die Notwendigkeit zum Konsens kann zu unbefriedigenden Kompromissen führen.

- Es können Probleme bei der Zurechnung von Erfolgen und Misserfolgen auftreten.

- In der Ebene unter der Unternehmensführung werden mehr Führungskräfte benötigt als in einer rein funktionalen oder divisionalen Organisation. Dies führt zu einer größeren Führungsspanne der Unternehmensführung, zusätzlichen Führungskräften und somit zu erhöhten Kosten.

5. Normative Unternehmensführung

Dieses Kapitel beschäftigt sich mit grundlegenden Entscheidungen der Unternehmensführung und damit mit der obersten Ebene des Führungssystems. „Ziele werden in klassischer Sicht definiert als normative Vorstellungen über einen zukünftigen Zustand der Unternehmung, der durch Handlung hergestellt werden soll." [Heinen (1976), S. 45]. Die Beschäftigung mit der normativen Unternehmensführung bedeutet, sich mit den Zielen des Unternehmens, der Unternehmensverfassung und der Unternehmenskultur auseinander zu setzten. Die normative Unternehmensführung liefert den Rahmen für die Strategieentwicklung, grundlegende Entscheidungen und das Verhalten im Unternehmen [vgl. Hungenberg, Wulf (2006), S. 26; ebenda S. 49; Dillerup, Stoi (2011), S. 51f.]. Dies bedeutet, unter normativer Unternehmensführung werden die Entscheidungen der obersten Managementebenen zusammengefasst, die als Ziele und Normen für das ganze Unternehmen gelten. Zentrale Aufgaben der normativen Unternehmensführung sind die Bestimmung des Selbstverständnisses, der Normen und der übergeordneten Ziele eines Unternehmens.

5.1 Die Unternehmensziele

Die Unternehmensziele finden sich in den Elementen der Vision, Mission und der Unternehmenspolitik in verschiedenen Ausprägungen und mit unterschiedlichen Funktionen wieder.

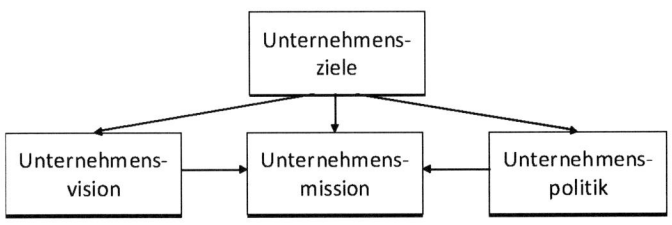

Abb. 5-1: Unternehmensziele

In Theorie und Praxis werden die Begriffe nicht einheitlich verwendet. Daher soll hier die Vermittlung eines grundlegenden Verständnisses im Vordergrund stehen.

In Zielen kommt der Anspruch eines Unternehmens an die eigene Organisation ebenso zum Ausdruck wie das Selbstverständnis [vgl. Hungenberg, Wulf (2008), S. 49]. Um die Handlungen eines Unternehmens zu verstehen, müssen die Ziele angesehen werden. Nachfolgend wird veranschaulicht, wie Ziele ermittelt werden können.

5.1.1 Funktionen von Zielen in der Unternehmensführung

Für das Verständnis der Unternehmensziele ist es zuvor erforderlich sich mit Zielen grundsätzlich auseinander zu setzen. Was also ist ein Ziel?

> **!!! Definition**
>
> Unter einem Ziel wird ein zukünftig angestrebter, terminierter und messbarer Zustand definiert.

Unternehmen verfolgen in der Praxis gleichzeitig verschiedene Ziele (Zielbündel). Um hierüber einen Überblick zu bekommen ist es notwendig, die Arten von Zielen zu klassifizieren.

Inhaltlich sind drei Zielkategorien, nämlich Sach-, Wert- und Sozialziele zu unterscheiden [Hahn, Hungenberg (2001), S. 17ff.]. Diesen Kategorien sollten sich alle Einzelziele eines Unternehmens zuordnen lassen:

- **Sachziele** (Leistungsziele), d.h. Ziele, die den Unternehmenszweck beschreiben. Z.B.: Ziele, die sich auf das anzubietende Produkt- und Dienstleistungsprogramm auf einzelnen Märkten, Ergebnisziele zu Marktanteilen, Produktions- und Absatzmengen, Image beziehen.

- **Wertziele** (Finanzziele), d.h. Ziele die sich monetär darstellen lassen. Z.B.: Umsätze, Deckungsbeitrag, Gewinn, Entwicklung des Unternehmenswertes (Shareholder-Value), Cashflow-Entwicklung, Bilanzrelationen.

- **Sozialziele** (Stakeholderziele), d.h. Ziele, die das Verhalten des Unternehmens und dessen Wirkung auf interne und externe Interessengruppen beschreiben. Z.B.: Ziele bezüglich Mitarbeiter, Lieferanten, Kunden, Öffentlichkeit, Staat und Umwelt.

Diese Arten von Zielen sind, um sie nutzbringend in der Unternehmensführung einsetzen zu können, in ihrer Fristigkeit (kurz-, mittel- und langfristig) [vgl. Macharzina (2003), S. 190] und im Zielausmaß (quantitative Messbarkeit) zu bestimmen. Nachdem die Arten und formalen Anforderungen von Zielen geklärt wurden, stellt sich die Frage, wer diese Ziele nun für ein Unternehmen festlegt. Theoretisch könnte angenommen werden, dass dies autonom durch das Top-Management in Abstimmung mit den Eigentümern festgelegt wird. In der Praxis sind die Ziele des Unternehmens das Ergebnis von politischen Prozessen zwischen den Interessengruppen (Stakeholdern) und der Unternehmensleitung. Diese als Resultat vorliegenden Unternehmensziele (normative Ebene der Unternehmensführung) bilden die Grundlage des weiteren Entscheidens und Handelns.

Abb. 5-2: Funktionen von Zielen

Den Unternehmenszielen können sieben wichtige Funktionen zugeordnet werden [Macharzina (2003), S 191; Welge, Al-Laham (2003), S. 111f.; Dillerup, Stoi (2011), S. 89]:

- **Orientierungsfunktion:** Sämtliche Aktivitäten werden auf ein oder mehrere Ziele ausgerichtet. Verabschiedete Ziele dienen als Handlungs- und Entscheidungsrahmen und tragen damit zu einer eindeutigen Orientierung bei.

- **Legitimations- und Konfliktlösungsfunktion:** Die Ziele sind die Grundlage der Entscheidungen im Unternehmen. Damit erfolgt die Legitimation der zu treffenden Entscheidungen – auch bei Konflikten aus der Umsetzung der Ziele. Beispiel: Das Ziel der Kostenführerschaft führt zu Entscheidungen zur Vereinfachung und Beschleunigung von Kommissionierungsprozessen in der Fertigwarenlogistik. Diese Maßnahmen führen zu reduziertem Personalbedarf und selbststeuerndem Personaleinsatz. Die Kommunikation des Leitbilds verdeutlicht die Ziele und den Zweck des Unternehmens gegenüber seinen Stakeholdern.

- **Bewertungs- und Selektionsfunktion:** Mit Hilfe von Zielen kann die Wirkung von Handlungsalternativen bezüglich ihres Beitrags zur Zielerreichung bewertet werden. Erst durch den Vergleich von Zielbeiträgen wird eine bewusste Auswahlentscheidung zwischen mehreren Handlungsalternativen bzw. Strategien möglich. Existieren keine Ziele, ist eine Strategiebewertung nicht möglich. Die Auswahl zwischen (zwei) alternativen Handlungsmöglichkeiten kann durch die bestmögliche Wirkung auf die Zielerreichung unterstützt werden. Beispiel: Entscheidung, das Wachstumsziel durch den Ausbau des Außendienstes oder durch die Einführung neuer Produkte voranzutreiben.

- **Motivationsfunktion:** Ziele können die Mitarbeiter motivieren, wenn bei ihnen eine Identifikation mit den Zielen erreicht wird. Das gelingt einerseits dann, wenn die Ziele anspruchsvoll aber auch realistisch sind und andererseits, wenn die Mitarbeiter an der Zielformulierung beteiligt werden. Motivation: Das Leitbild soll die Mitarbeiter motivieren und helfen, sich besser mit ihrem Unternehmen zu identifizieren.

- **Koordinationsfunktion:** Für das gesamte Unternehmen gültige Ziele erleichtern die Ausrichtung und wechselseitige Abstimmung der Aktivitäten, da sie gemeinsam auf die Zielerreichung wirken. Beispiel: Ausrichtung der Fertigung (Produktion) an der geplanten Absatzmenge (Vertrieb) und umgekehrt an der Verfügbarkeit von Produktionskapazität. Die Ausrichtung der Handlungen an den Zielen erfolgt durch eine abgestimmte Zielhierarchie und führt zur Harmonisierung der Teilaktivitäten bzw. Teilergebnisse im Unternehmen. Diese Zielhierarchie enthält unter anderem Unternehmens-, Geschäftsbereichs- und Funktionalziele, die zur Koordination der Aktivitäten auf den einzelnen Ebenen beitragen.

- **Steuerungsfunktion:** Zielvorgaben beeinflussen die Entscheidungen und Verhaltensweisen der Handlungsträger im Unternehmen. Durch diese Vorgaben erfolgt eine zielorientierte Steuerung der Handlungen, ohne dass die einzelnen Aktivitäten vorher bestimmt werden müssen. Ziele bieten Orientierung bei der Handlung selbst. Obwohl über das Ziel und die Entscheidungen über die Handlungsmöglichkeit die Richtung und das Ausmaß bestimmt sind, können im Rahmen der Umsetzung mögliche Alternativen nur durch die Ausführenden festgelegt werden. Die Kenntnis der Ziele ermöglicht hier eine zieladäquate Feinsteuerung. Beispiel: Festlegung einer Versuchsreihe in F&E, Durchführung eines Kundenberatungsgesprächs.

Die Ziele können diese Funktionen jedoch nur erfüllen, wenn diese Unternehmensziele selbst – oder daraus abgeleitete Unterziele – den Entscheidungsträgern und Ausführenden bekannt sind. Insbesondere die Unternehmensziele erfordern die Akzeptanz der Führungskräfte und Stakeholder [vgl. Hungenberg, Wulf (2008), S. 64].

Eine zentrale Rolle für die Erreichung der normativ festgelegten Unternehmensziele nehmen das vorbildlich-zielkonforme Entscheiden und Handeln der obersten Unternehmensleitung und eine geeignete Kommunikation innerhalb und außerhalb des Unternehmens ein. Die Führung und Kommunikation über alle Unternehmensebenen bis zum ausführenden Mitarbeiter stellt hierbei eine wichtige Aufgabe dar. Als Instrumente dienen dabei die Unternehmensvision, die Mission und die Unternehmenspolitik.

5.1.2 Unternehmensvision

Es gehört zum Handwerkszeug der praktischen Unternehmensführung, die Ziele des Unternehmens in einer Vision zu formulieren. Jedoch „Was eine Vision ausmacht, darüber gehen die Auffassungen in der Literatur und der Unternehmerpraxis weit auseinander." [Dillerup, Stoi (2011) S. 77].

!!! **Definition**

„Die Vision in der normativen Unternehmensführung ist ein konkretes Zukunftsbild, das nahe genug ist um als realisierbar angesehen zu werden, aber fern genug, um Begeisterung für eine neue, bessere Wirklichkeit zu wecken." [vgl. Boston Consulting Group (1988), S. 7].

Visionen sollten klare, anspruchsvolle, langfristige und emotional ansprechende Ziele [Heidsiek (2003)] transportieren. Sie sind als Leitidee der unternehmerischen Tätigkeit zu verstehen und häufig der Vorstellungskraft einzelner Personen entsprungen. Grundlage dieser Visionen sind individuelle Werte und subjektive Einschätzungen zukunftsweisender Entwicklungen [Hungenberg, Wulf (2008), S. 65]. Beispiele für (persönliche) Visionen mit großer unternehmerischer Leistung sind:

- Microsoft – Bill Gates: "A computer on every desk and in every home" [Coenenberg, Salfeld (2003), S. 21]

- General Electric – Jack Welch: „... die wirklichen Wachstumsbranchen aufzuspüren und darin tätig zu werden, und darauf zu beharren, in jeder Branche ... den ersten oder zweiten Rang zu erobern." [Welch, Byrne (2002), S.2]

Visionen sind kurz und eingängig formuliert und lassen offen, wie die Ziele zu erreichen sind. Dies setzt Kreativität und Energie bei den Mitarbeitern und Führungskräften frei.

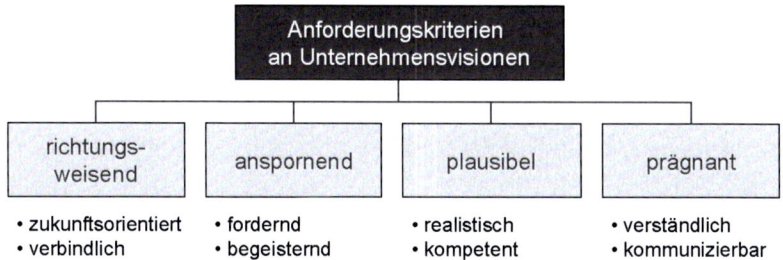

Abb. 5-3: Kriterien für wirksame Unternehmensvisionen
[entnommen aus Dillerup, Stoi (2011), S. 78]

Visionen formulieren einen Anspruch, der Mitarbeitern und Führungskräften gemeinsam zur Orientierung dient. Die Vision erfüllt so drei Funktionen [Bleicher (1994), S. 102f.; Bleicher (2004) S. 107f.]:

- **Identitätsfunktion**: Beschreibung eines Zukunftsbildes für das Unternehmen, das dieses einzigartig und unverwechselbar macht.

- **Identifikationsfunktion**: Mit der Vision kann der Mitarbeiter einen tieferen Sinn und Nutzen aus der eigenen Arbeit ableiten. Voraussetzung ist, dass die Mitarbeiter die Vision kennen und mittragen. Dann wirkt die Vision auch förderlich für die Identifikation mit dem Unternehmen.

- **Mobilisierungsfunktion**: Das gemeinsame Zukunftsbild soll von den Mitarbeitern als wünschens- und erstrebenswert angesehen werden und somit dazu anregen, die damit verbundenen Ziele zu verfolgen.

Die Wirkung von Visionen wird neben der inhaltlichen Beurteilung durch die Mitarbeiter besonders durch die Kommunikation der Vision und die Fähigkeit der Führungskräfte, diese verständlich und in der Praxis erlebbar zu machen, beeinflusst. Das Vorbild der Führung, die Vision konsequent und glaubwürdig umsetzen zu wollen (z.B. als Ziel und Ausgangspunkt bei der strategischen Planung), sie in den Mittelpunkt zu stellen, ist hierbei von entscheidender Bedeutung. Die Vision wird durch beispielgebendes und konsequentes Handeln erlebbar und daraus intern und extern überzeugend.

Natürlich unterliegen auch Visionen einem zeitlichen Verschleiß [Coenenberg, Salfeld (2003), S 35]. Zum Einen ändern sich die Umweltbedingungen und möglicherweise auch die Besetzung auf den oberen Führungsebenen, so dass es einer Revision der Vision bedarf. Zum Anderen sind Visionen auch da, um erreicht zu werden. Je näher ein Unternehmen dem Zielzustand kommt, desto weniger herausfordernd und anspruchsvoll erscheint die Vision. Einer nachlassenden Wirkung der Vision ist entgegen zu treten. Ein möglicher Weg ist die Institutionalisierung der Diskussion und Suche in einem Visionsteam [vgl. Hinterhuber (1992), S. 41ff.].

5.1.3 Unternehmensmission – Unternehmensleitbild

Die sehr konzentrierte Formulierung der Ziele in der Vision wird in der Unternehmensmission – in der Praxis häufig auch Unternehmensleitbild genannt – ausformuliert. Für die Erstellung eines Unternehmensleitbildes sind ausgehend von der Vision wesentliche Entscheidungen zur Detaillierung zu treffen. Dort finden sich Aussagen z.B. zu den Kerngeschäften des Unternehmens, den erforderlichen Kompetenzen zur Schaffung von Wettbewerbsvorteilen und zu den Zielgruppen des unternehmerischen Handelns.

Das Leitbild richtet sich sowohl an Mitarbeiter, als auch an andere Anspruchsgruppen des Unternehmens und wird daher unternehmensintern und –extern bekannt gemacht. Ein Leitbild soll so eine von allen geteilte Vorstellung über Zweck und Entwicklung eines Unternehmens erzeugen. Zwei Beispiele sollen dies illustrieren (s. Abb. 5-4 und Abb. 5-5).

> **Global Vision 2010**
>
> **Innovation into Future – A Passion to Create a Better Society**
>
> Through "Monozukuri – manufacturing of value – added products" and "technological innovation", Toyota is aiming to help create a more prosperous society. To realize this, we are challenging the below themes.
>
> (1) Be a driving force in global regenerating by implementing the most advanced environmental technologies.
>
> (2) Crating automobiles and a motorized society in which people can live safely, securely and comfortably.
>
> (3) Promote the appeal of cars throughout the world and realize a large increase in the number of Toyota fans.
>
> (4) Be a truly global company that is trusted and respected by all peoples around the world.

Abb. 5-4: Das Toyota-Leitbild [Toyota (2010)]

> **Unsere Werte**
>
> **Verantwortungsvoll: Wir verpflichten uns zu ethischem und verantwortungsvollem Handeln**
> Wir bei Siemens sind entschlossen, alle gesetzlichen und ethischen Anforderungen zu erfüllen – und, wo wir können, sogar zu übertreffen. Unsere Verantwortung liegt darin, das Unternehmen entsprechend den höchsten professionellen und ethischen Standards und Praktiken zu führen: ohne Spielraum für nichtkonforme Verhaltensweisen.
>
> Die Prinzipien, die für den Wert „verantwortungsvoll" stehen, dienen als Kompass, den wir nutzen, um unsere Geschäftsentscheidungen zu treffen. Darüber hinaus müssen wir Geschäftspartner, Lieferanten und andere Interessenvertreter dazu ermutigen, einen ähnlichen Standard für ihre Gesellschaft anzuwenden.
>
> **Handeln**
>
> **Exzellent: Wir erzielen Höchstleistung und exzellente Ergebnisse**

Wir bei Siemens setzen uns ehrgeizige Ziele – die wir von unserer Vision ableiten und anhand von Benchmarks verifizieren – und tun alles, um diese Ziele zu erreichen. Wir unterstützen unsere Kunden bei der Suche nach perfekter Qualität und bieten ihnen Lösungen, die ihre Erwartungen übertreffen.

Exzellent können wir nur sein, wenn wir einen Weg der kontinuierlichen Verbesserung definieren und die bestehenden Prozesse permanent hinterfragen. Darüber hinaus müssen wir Veränderungen annehmen, damit unser Unternehmen entsprechend aufgestellt ist, wenn sich neue Geschäftsmöglichkeiten eröffnen. Exzellent sein bedeutet zudem, dass wir als Unternehmen für die besten Köpfe, die der Markt bietet, attraktiv sind. Es bedeutet, ihnen die Qualifikationen zu vermitteln und Chancen zu geben, die erforderlich sind, um Höchstleistungen zu erbringen. Denn wir wollen eine leistungsfähige Unternehmenskultur fördern.

Innovativ: Wir sind innovativ, um dauerhaft Werte zu schaffen

Innovationen sind der Grundstein des Erfolges von Siemens. Daher richten wir unsere Forschungs- und Entwicklungsaktivitäten eng an unserer Geschäftsstrategie aus, halten wichtige Patente und nehmen eine starke Position bei den etablierten sowie neuen Technologien ein. Unser Ziel ist, in allen unseren Geschäftsfeldern Trends zu setzen.

Wir sorgen dafür, dass die Energie und Kreativität unserer Mitarbeiter freigesetzt werden, wir beschreiten auch neue und ungewohnte Wege. Darüber hinaus sind wir erfinderisch und nehmen diese Eigenschaft in den unterschiedlichsten Bedeutungen an – geistreich, einfallsreich und kreativ.

Wir handeln unternehmerisch und unsere Innovationen sind weltweit erfolgreich. Wir messen den Erfolg unserer Innovationen am Erfolg unserer Kunden. Wir erneuern unser Portfolio kontinuierlich, um Antworten auf die wesentlichen Herausforderungen der Gesellschaft zu bieten und schaffen dadurch nachhaltige Werte.

Abb. 5-5: Siemens – Werte und Vision [Siemens (o. J.)]

5.1.4 Unternehmenspolitik: Unternehmensziele und Unternehmensleitlinien

!!! Definition

Die Unternehmenspolitik legt die Ziele eines Unternehmens als zentrales Element der normativen Unternehmensführung fest [vgl. Dillerup, Stoi (2011), S. 84].

Was soll mit dem Unternehmen erreicht werden? Nur wenn diese Frage hinreichend aussagekräftig beantwortet ist, kann die Führung eines Unternehmens über Ziele als Maßstab für das unternehmerische Handeln erfolgen [Hungenberg (2006), S. 27]. Die Unternehmenspolitik umfasst diese mehr oder weniger konkret gefassten Ziele des Unternehmens. Die Auswahl und Festlegung geeigneter und vertretbarer Ziele aus einer Vielzahl möglicher Alternativen ist ein politischer Prozess. Dieser schafft die Klarheit darüber, was mit dem Handeln des Unternehmens erreicht werden soll [Heinen (1976), S. 28].

!!! Definition

„Unternehmenspolitik beinhaltet die Unternehmensleitlinien und -ziele, die durch politische Prozesse des Interessenausgleichs gebildet werden. Sie regeln das Verhalten innerhalb eines Unternehmens im Sinne von Grundsatzentscheidungen." [Hinterhuber (2004), S. 27].

!!! Definition

„Die Unternehmensziele sind normative Vorstellungen über einen zukünftigen Zustand, der durch Handlungen erreicht werden soll." [Heinen (1976), S. 45].

In der Praxis sind Unternehmensziele jedoch häufig unvollständig und nicht eindeutig formuliert. Auch sind die vorzufinden

Zielbündel nicht zwingend als konsistent zu charakterisieren [Müller-Stewens, Lechner (2005), S. 244]. Welche Ursachen sind hierfür vorstellbar? Zum Einen könnte diese Unbestimmtheit als gewollte Flexibilität interpretiert werden, um ohne Gesichtsverlust konsensfähiger bei zukünftigen Verhandlungen mit Stakeholdern zu sein [Kirsch (1977), o.S.]. Zum Anderen ist die Erreichbarkeit konkreter messbarer Ziele auch immer von den zukünftigen Entwicklungen, z.b. auf den Märkten, in der Technologie oder Politik beeinflusst. Diese Informationen werden jedoch erst im Rahmen der wiederkehrenden Planungsprozesse (s. Kap. 2) gewonnen und dann zur konkreteren Zielformulierung auf der strategischen und operativen Ebene der Unternehmensführung genutzt. Die Anforderungen an qualitative Eigenschaften der Unternehmensziele werden in der Praxis als nicht notwendig oder auch als verfrüht angesehen.

!!! **Definition**

„Unternehmensleitlinien sind nicht vollständig konkretisierte Ziele eines Unternehmens." [Dillerup, Stoi (2011), S. 89].

Wie kommt es nun zu der Festlegung der Unternehmensziele? Ausgehend von der Vision gilt es unter Einbezug verschiedener Anspruchsgruppen die Unternehmenspolitik festzulegen. Diese zum Teil widersprüchlichen Ansprüche (externe Interessen) müssen mit den intern verfolgten Zielen und Ansprüchen harmonisiert werden. Dadurch soll eine Übereinstimmung („fit") zwischen der Unternehmensumwelt und dem Unternehmen erreicht werden [Bleicher (2004), S. 157].

Die Anspruchsgruppen (Stakeholder) können hierbei unterschieden werden in Einflussgruppen und Anspruchsgruppen [Dillerup, Stoi (2011), S. 85]:

- Die **Anspruchsgruppen** haben direkte Möglichkeit auf die Ziele des Unternehmens einzuwirken. Dies erfolgt im Rahmen der durch die Unternehmensverfassung vorgegebenen Rahmen und Organe.

- Die **Einflussgruppen** stehen mit dem Unternehmen in Beziehung oder sind durch das Handeln des Unternehmens mittelbar oder unmittelbar berührt.

!!! Definition

„Stakeholder sind Personen, Gruppen oder Organisationen, die mit dem Unternehmen in Beziehung stehen und die Erwartungen gegenüber dem Unternehmen haben." [Dillerup, Stoi (2011), S. 85].

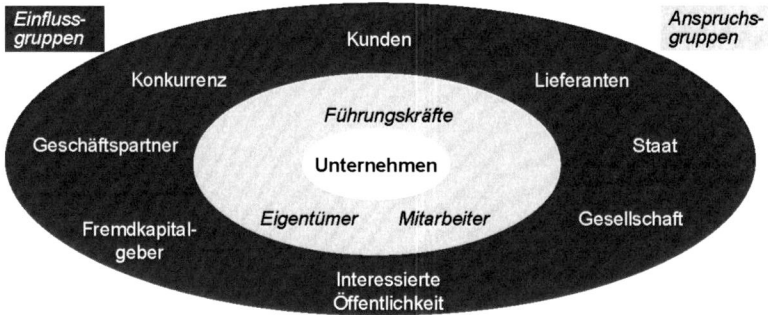

Abb. 5-6: Stakeholder eines Unternehmens
[Dillerup, Stoi (2011), S. 85]

Die grundlegenden Interessen dieser Gruppen, die auf das Unternehmen wirken [vgl. Coenenberg, Salfeld (2003), S. 36; Hungenberg (2008) S. 28; Macharzina, Wolf (2005), S.13; Dillerup Stoi (2011) S. 85f.], finden sich in folgender Aufstellung beispielhaft skizziert:

- **Eigentümer** – dem Risiko und dem Kapitalmarkt angemessene Verzinsung, Erhalt des Kapitals, Einfluss auf Ziele und Zweck des Unternehmens, Ansehen der Eigentümer, ...

- **Führungskräfte** – Macht, Prestige und Anerkennung, Gestaltungsfreiräume, Chance zu lernen, Gestaltung der Zukunft, Aufstieg zu höheren Positionen in der Hierarchie (intern/extern), Maximierung des persönlichen Einkommens, Si-

cherheit der (eigenen) Arbeitsplätze bzw. Vertragsverlängerung, ...

- **Mitarbeiter** – Erwerb des als lebensnotwendig angesehenen
  Einkommens, soziale Kontakte, Erfüllung in der Aufgabe,
  Anerkennung, Gestaltungsfreiräume, Chance zu lernen, Ges-
  taltung der Zukunft, Aufstieg zu höheren Positionen in der
  Hierarchie (intern/extern), Maximierung des persönlichen
  Einkommens, Sicherheit der (eigenen) Arbeitsplätze bzw.
  Vertragsverlängerung, ...

- **Kunden** – Erfüllung der Kundenerwartung hinsichtlich Preis,
  Produkteigenschaften, und Servicelevel, Flexibilität, Anerkennung, langfristige Versorgungssicherheit, Finanzierung,
  ethisches und umweltfreundliches Verhalten, ...

- **Lieferanten**, Dienstleister, Kooperationspartner – langfristige
  Zusammenarbeit, Schutz des Know-how und der Rechte,
  schnelle Begleichung der Rechnungen, ...

- **Fremdkapitalgeber** – Sicherheit der vergebenen Kredite,
  Einhaltung der vereinbarten Zins- und Tilgungsleistungen, ...

- **Staat** – Einhaltung der gesetzliche Vorschriften, pünktliche
  und möglichst hohe (soweit erträglich) Steuerzahlungen, ...

- **Gesellschaft** und interessierte Öffentlichkeit – Schaffung und
  Erhaltung von Arbeitsplätzen, Beiträge zur Infrastruktur,
  Schonung oder Schutz der Umwelt und Rohstoffe, men-
  schenwürdiger und sozialer Umgang mit den Beschäftigten,
  Lieferanten und Kunden, ...

- **Wettbewerber** – Einhaltung von Spielregeln in einer Branche, Schwächung des Unternehmens, ...

- **Unternehmen** außerhalb der Wertschöpfungskette – Vermeidung negativer Auswirkungen auf die eigene Wertschöpfungskette, z.B. Auswirkungen aus Nachfrage gleicher Rohstoffe oder gleich qualifizierter Arbeitskräfte, Verbrauch von
  Fläche und Natur (Ackerbau vs. Tagebau), Bevorzugung
  durch Lieferanten, Staat, Kunden, ...

Die Vielzahl und Unterschiedlichkeit dieser Ansprüche legt nahe, dass es bei der Festlegung der Ziele zu Interessenkonflikte kommen muss. Grundsätzlich kann die Lösungsfindung auf zwei Wegen vollzogen werden [Hungenberg (2006), S. 29; Müller-Stewens, Lechner (2005) S. 244; Dillerup, Stoi (2011) S. 86]:

- **Stakeholderorientierung**: Aus der Annahme, dass (fast) alle Gruppen für die Existenz der Unternehmung erforderlich sind, folgt die Berechtigung, die Ziele des Unternehmens zu beeinflussen. Die obersten Unternehmensziele entstehen hier aus der gleichberechtigten Berücksichtigung aller Anspruchsgruppen.

- **Shareholderorientierung**: Aus dem Eigentum am Unternehmen und der damit einhergehenden Verfügungsgewalt leitet die Eigentümer das Recht ab, die obersten Ziele des Unternehmens festzulegen.

Praktisch ist dies jedoch eine Frage der Macht. Wer wie viel Macht ausüben kann, ist stets im Einzelfall zu bewerten. Faktisch ist jedoch davon auszugehen, dass dem Eigentümer eine Vormachtstellung eingeräumt wird. Die Begründung liegt in dem einfachen Umstand, dass das Unternehmen erst durch die Gründung, Finanzierung und die Übernahme des unternehmerischen Risikos durch die Eigentümer existieren kann. Sollten die Ziele der anderen Stakeholder letztendlich zu einer Einschränkung der Eigentümerziele führen, die diese nicht bereit sind zu tragen, so entfällt mit dem Unternehmen für viele Anspruchsgruppen auch die Möglichkeit die eigenen Ziele zu realisieren. Daher ist davon auszugehen, dass die Ziele der Eigentümer die primäre Grundlage für die Unternehmensführung sind. Erfolgreiche Unternehmensführung kann aber nie ohne Kunden, Mitarbeiter, Lieferanten und Zustimmung von Staat und Gesellschaft stattfinden. Die Kunst und Herausforderung liegt in der situativ passenden Balance zwischen Ansprüchen und Macht.

Der oft anzutreffenden automatischen Gleichsetzung von Shareholderorientierung mit Shareholder-Value-Orientierung der Unternehmensziele [Dillerup, Stoi (2011), S. 86] kann aus folgenden Gründen nicht gefolgt werden:

- Die Zielsetzungen von KMU (Kleinen und Mittleren Unternehmen) bzw. mittelständischen Firmen orientieren sich häufiger, neben dem langfristigen Unternehmenserhalt, auch an ökologischen und sozialen Zielen (z.b. Übernahme aller Auszubildenden) oder an den persönlichen Interessen der Eigner. Eine einfache Gleichsetzung von Shareholderorientierung und Shareholder Value – basierend auf relativ wenigen börsennotierten Gesellschaften – ist bei der großen Anzahl mittelständischer Betriebe und Unternehmen nicht nachzuvollziehen.

- Eine große Zahl kleiner und großer gemeinnütziger Unternehmen verfolgt soziale, ökologische oder humanistische Ziele. So hat alleine die Caritas mit ihren Firmen, Einrichtungen und Diensten mehr als 500 Tsd. Beschäftige [caritas (o.J.)], mehr Beschäftigte als viel beachtete Konzerne wie Siemens [402 Tsd. MA; Quelle: Siemens (o.J.b)] oder VW [370 Tsd. MA; Quelle: VW (o.J.b)]. Shareholderorientierung bedeutet hier keinesfalls Shareholder Value-Orientierung.

- Eine kleine, aber zunehmende Zahl an Unternehmen, die vorrangig soziale, ökologische oder humanistische Ziele verfolgen und Gewinn nur als Voraussetzung für ihr zielkonformes Engagement sehen (z.B. Förderung der ökologischen Landwirtschaft in den Rohstoff-Erzeugerländern (Hess-Natur, Tee-Kampagne)), sprechen ebenso gegen die Allgemeingültigkeit der Gleichsetzung.

- Die Shareholder-Value-Orientierung und die damit verbundene fortwährende Wertsteigung für die Anteilseigner erfordert z.B. kontinuierliches Wachstum oder steigende Wirtschaftlichkeit bei konstantem Kapitaleinsatz. Dies geht vordergründig gegen den Wettbewerb. Praktisch bezahlen jedoch auch die Lieferanten, Mitarbeiter und die Umwelt den Preis durch sinkende Renditen, Abwanderung der Produktion und dauerhafte Schädigung des Öko-Systems. Andererseits erscheint Wachstum als allgemeingültige Voraussetzung für steigenden Shareholder Value in einer begrenzten Welt mit begrenzten Ressourcen nur beschränkt oder zu Lasten anderer Stakeholer vorstellbar. Daraus resultiert ein zunehmender Widerstand in der öffentlichen Diskussion gegen eine einseitige Bevorzugung des Sharcholder Value als der zentralen Zielgröße. Die durch die einseitige Shareholder-Value-Orientierung ins Ungleichgewicht driftende Unternehmensführung börsennotierter Gesellschaften und die daraus folgenden Konsequenzen für Individuen und Staaten werden zu einer weiter zunehmenden Verteilungs- und Wertediskussion führen. Ethische und nachhaltige Unternehmensführung erscheint als Wettbewerber zum Shareholder Value in der Diskussion.

5.2 Die Unternehmenskultur

Der Begriff Kultur bietet vor dem Hintergrund unterschiedlicher regionaler und historischer Entwicklungen vielfältige Interpretationsmöglichkeiten. Im Rahmen der Ethnologie bezeichnet er die besonderen, häufig historisch entwickelten Merkmale von Volksgruppen. Zu diesen Merkmalen zählen unter anderem einheitliche Wert- und Denkmuster, gemeinsame Symbolsysteme und Riten [vgl. Hansen (1995), S. 30ff.]. Dieser Kulturbegriff ist auf Unternehmen übertragen worden.

!!! Definition

„Die Unternehmenskultur ist die Gesamtheit der in einem Unternehmen vorherrschenden Wertvorstellungen, Traditionen, Überlieferungen, Mythen, Normen und Denkhaltungen, welche das Verhalten der Mitarbeiter prägen." [Dillerup, Stoi (2011), S. 94].

Hinter dieser Übertragung steht die Sichtweise, dass Unternehmen durch besondere Denkmuster, gemeinsame Wertvorstellungen, Normen, Sprache und Begriffe sowie Verhaltensweisen unterscheidbar sind und somit ähnlich zu Volksgruppen eine eigenständige Kulturgemeinschaft darstellen [Hungenberg, Wulf (2006), S. 91; vgl. Bleicher (1999), S. 153].

Häufig haben bei der Entstehung und Weiterentwicklung einer eigenständigen Unternehmenskultur herausragende Persönlichkeiten oder besondere Ereignisse in der Unternehmensgeschichte einen großen Einfluss. Die Unternehmenskultur hat somit auch zufällige und emotionale Komponenten und entzieht sich teilwei-

se einer expliziten und formalen Gestaltung durch die Unternehmensführung [vgl. Scholz (2000), S. 779]. Für ein ganzheitliches
Verständnis bietet sich für eine strukturierte Herangehensweise
das Modell der Unternehmenskultur von Schein an (s. Abb. 5-7)
[Schein (1984), S. 3ff.; Schein (1985), S. 9ff.].

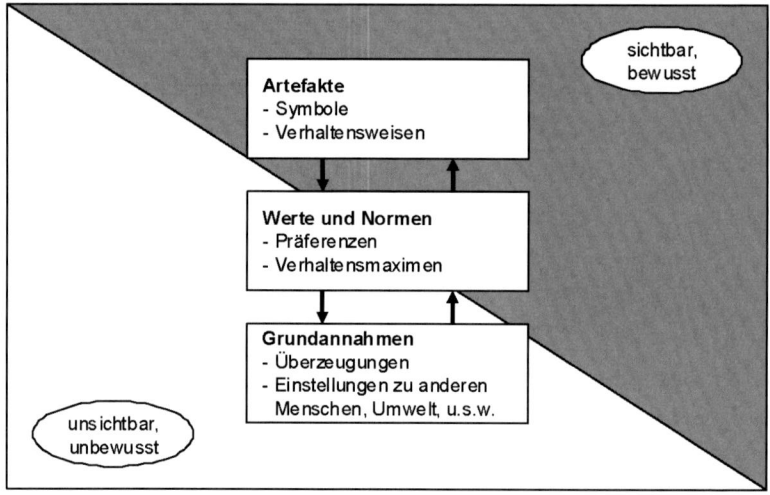

Abb. 5-7: Modell der Unternehmenskultur nach Schein
[Hungenberg, Wulf (2006), S. 92]

Grundgedanke des Modells ist die Aufteilung der Unternehmenskultur in zwei Ebenen oder Schichten. Hinter den sichtbaren Verhaltensweisen der Unternehmensmitglieder steht eine Schicht der
unsichtbaren und teilweise auch unbewussten Bestandteile. Hungenberg und Wulf sprechen hier passender Weise von den „Cha-
raktereigenschaften" des Unternehmens [Hungenberg, Wulf
(2006), S. 92]. Diesen beiden Schichten können drei Elemente
zugeordnet werden [Schein (1984), S. 3ff., Dillerup, Stoi (2011),
S. 95; Hungenberg, Wulf (2006), S. 92f.]:

- **Grundannahmen**: sind langfristig konstante Auffassungen
  über den Menschen (Menschenbild), Einstellungen des Unternehmens zur Umwelt und zum Zweck eines Unternehmens. Diese Grundannahmen haben sich im Zeitablauf unbe-

wusst herausgebildet und werden von allen Unternehmensmitgliedern als selbstverständlich vorausgesetzt, ohne dass diese Werte selbst sichtbar sind. Die Grundannahmen leiten die Wahrnehmung und das Handeln, d.h. ohne darüber nachzudenken werden sie automatisch befolgt. Beispiele: Pflichterfüllung, Anerkennung folgt Leistung.

- **Werte und Normen**: sind als zweite Ebene der Unternehmenskultur teilweise sichtbar. „Werte umschreiben in diesem Zusammenhang abstrakte Auffassungen eines Individuums über das, was wünschens- oder erstrebenswert ist (bzw. nicht ist). Sie kommen in bestimmten Präferenzmustern für Ziele, Handlungsalternativen sowie angestrebten Zuständen zum Ausdruck und sind damit für den Menschen Beurteilungs- und Orientierungsmaßstab bei seinem Handeln. Zum Gegenstand der Unternehmenskultur werden sie, wenn sie zumindest von der Mehrheit der Unternehmensmitglieder geteilt werden." [Hungenberg, Wulf (2006), S. 93]. Ergänzt werden die sich im Individuum bildenden Werte um die von außen gesetzten Handlungserwartungen (Normen). Während Werte auch unbewusst handlungsleitend sind, müssen Normen zumindest teilweise bewusst sein, um Verhalten und Handlung zu beeinflussen. Normen lassen sich direkt und indirekt in Form von Geboten und Verboten durch die Unternehmensleitung vorgeben.

- **Artefakte**: sind die sichtbaren Elemente der Unternehmenskultur. Vorrangig gehören zu diesen Kulturelementen Sitten und Gebräuche (Rituale). Dabei handelt es sich um geplante Aktivitäten, z.B. bei der Auszeichnung besonders erfolgreicher Mitarbeiter oder der Verabschiedung von Mitarbeitern in den Ruhestand. Weitere wichtige Elemente sind Sprache, Bekleidungsgewohnheiten, statusbezogene Büroeinrichtungen und Formen der Belohnung durch Statussymbole.

Abschließend soll auch auf die Wechselwirkungen der Ebenen hingewiesen werden. Zum einen müssen die Elemente und ihre Festlegungen zueinander passen (Beispiel: Verzicht auf Statussymbole und persönliches Wertesystem), zum anderen beeinflussen die Ebenen sich gegenseitig (Beispiel: Werte und Normen beeinflussen die sichtbaren Elemente der Unternehmenskultur).

Aus den Elementen der Unternehmenskultur und ihrem Zusammenspiel entsteht die unverwechselbare Kultur eines Unternehmens.

5.3 Die Unternehmensverfassung

Unter einer Verfassung wird eine grundlegende, rechtswirksame Ordnung eines sozialen Systems verstanden. Dieses System kann nun ein Staat, eine Institution oder eben ein Unternehmen sein. In einer Verfassung werden Normen für die innere Ordnung und für die Außenbeziehungen festgelegt [Hungenberg, Wulf (2006) S. 72]. Zu diesen Normen zählen der Existenzzweck, Grundfragen der Organisation (d.h. Bestimmung der relevanten Organe, deren Befugnisse und Zusammensetzung) und die Verteilung von Aufgaben und Zuständigkeiten innerhalb des Systems [vgl. Bleicher (1994), S. 29]. Die Unternehmensverfassung legt damit auch fest, welche Personengruppen an der Unternehmensführung mitwirken [vgl. Macharzina, Wolf (2005), S. 139].

Die Einhaltung von Verhaltensmaßregeln, Gesetzen und Richtlinien durch Unternehmen wird mit dem Begriff Compliance zusammengefasst. Ein schönes Beispiel hierzu liefert VW:

Der Volkswagen Konzern fühlt sich seit jeher nicht nur an gesetzliche sowie interne Bestimmungen gebunden. Auch freiwillig eingegangene Verpflichtungen und ethische Grundsätze sehen wir als integralen Bestandteil unserer Unternehmenskultur und als Richtschnur, an der wir unsere Entscheidungen ausrichten.

Wir sind der Überzeugung, dass nachhaltiger wirtschaftlicher Erfolg nur sichergestellt werden kann, wenn Regeln und Normen befolgt werden. Wir stehen für ein achtbares, ehrliches und regelkonformes Verhalten im Geschäftsalltag.

Durch geeignete präventive Maßnahmen und deren Integration in das vorhandene Managementsystem stellen wir die Regeleinhaltung in unserer Organisation sicher und schärfen das Bewusstsein unserer Mitarbeiter. Wir sind uns allerdings auch bewusst, dass das Risiko von individuellem Fehlverhalten nie gänzlich auszuschließen sein wird. Wir schaffen ein konzernweites Compliance Netzwerk, welches durch Verantwortliche in den Marken und Gesellschaften und durch verschiedene Gremien Compliance Expertise im Konzern bündelt.

Abb. 5-8: Compliance am Beispiel VW [VW (o. J.a)]

Zielsetzung der Compliance ist es, eine Übereinstimmung des unternehmerischen Geschäftsgebarens mit Wertvorstellungen und gesellschaftlichen Richtlinien herzustellen.

5.3.1 Elemente der Unternehmensverfassung

Das Ziel der Unternehmensverfassung besteht in der Definition eines Normengefüges i. S. einer grundlegenden Ordnung für das Unternehmen. Die Unternehmensverfassung besteht neben den gesetzlichen Vorgaben - aus den Ländern, in denen das Unternehmen tätig ist - auch aus selbst zu gestaltenden Ordnungen. Bestandteile der Unternehmensverfassung sind:

- **Gesetzliche Vorgaben**, z.B. aus Arbeitsschutz-, Kapitalmarkt-, Verbraucherschutz-, Gesellschafts-, Wettbewerbs- und Mitbestimmungsrecht,

- **Kollektivvertragliche Vereinbarungen**, z.B. aus Gesellschaftsverträgen, Geschäftsordnungen, Satzungen [Gerum (1995), S. 123ff.].

Somit soll die Unternehmensverfassung alle grundlegenden Regeln und Strukturen eines Unternehmens beinhalten. Z.B. sind in Deutschland neben den Eigentümerinteressen auch die Interessen der Mitarbeiter in den Organen vertreten. Gesetzliche Regelungen schreiben diese Mitbestimmung in der Betriebsverfassung vor. Damit ist sie Teil der Unternehmensverfassung.

Die Regelungen in der Unternehmensverfassung legen in der Folge auch die Einflussmöglichkeiten der einzelnen Interessengruppen auf Ziele und Handeln des Unternehmens fest [Hungenberg, Wulf (2006) S. 72].

Eine zentrale Rolle in der Unternehmensverfassung nehmen die Interessen und Pflichten der Eigentümer ein. Es zählen individuelle Regelungen über die Beteiligung der Eigentümer an Leitung und Kontrolle ebenso dazu, wie gesetzliche Vorgaben über die einzurichtenden Organe und welchen Einfluss die Eigentümer auf diese Organe haben [vgl. Hungenberg, Wulf (2006) S. 72f.].

Die gesetzlichen Regelungen zur Leitung und Kontrolle ihres Unternehmens sind in Deutschland im Gesellschaftsrecht – leider unterschiedlich – geregelt. Je nach Unternehmenstyp und Rechtsform müssen unterschiedliche Gesetze (z.B. Handelsgesetzbuch, GmbH-Gesetz, Aktiengesetz) herangezogen werden. Die Unternehmensverfassung bestimmt die Organe eines Unternehmens sowie deren Rechte und Pflichten entsprechend den gesetzlichen Regelungen. Hierbei sind grundsätzlich drei Organe zu unterscheiden, mit denen die Eigentümer Einfluss auf ihr Unternehmen ausüben können [Hungenberg, Wulf (2006) S. 74f.]:

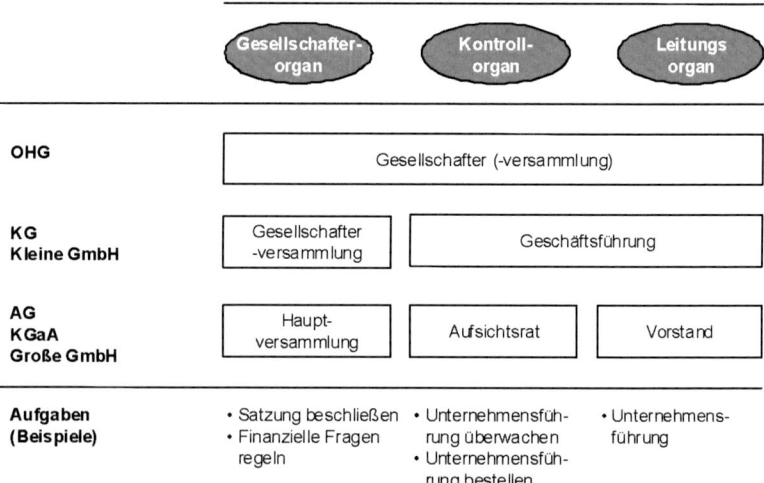

Abb. 5-9: Grundtypen der Unternehmensverfassung von Gesellschaften [Hungenberg, Wulf (2008), S. 75]

- **Leitungsorgan** – verantwortlich für die Führung des Unternehmens,

- **Kontrollorgan** – Kontrolle der Unternehmensführung,

- **Gesellschafterorgan** – Vertretung der Eigentümer zur Festlegung von grundlegenden Entscheidungen (z.b. Satzungsänderungen, Gewinnverwendung).

Für die unterschiedlichen Rechtsformen sind zum Einen nicht einheitlich alle Organe vorgeschrieben, zum Anderen gibt es unterschiedliche Regelungen zur Besetzung

5.3.2 Unternehmensverfassung und Corporate Governance

Ausgelöst durch einige Managementskandale in der Mitte der 1990-er Jahre, verbunden mit der Kritik internationaler Anleger an der in Deutschland vorherrschenden Führung und Überwachung von Unternehmen (z.b. schwache und inaktive Aufsichtsräte, Einfluss der Banken, Mitbestimmung der Arbeitnehmer), wurden zahlreiche Schritte unternommen, den Einfluss der Aktionäre und die Kontrolle zu stärken. Die Diskussion zu Fragen der Unternehmensverfassung wird seitdem unter dem Begriff der Corporate Governance geführt. Dieser, aus dem angloamerikanischen Raum stammende, Begriff steht für ein Gesamtkonzept der Führung und Überwachung [Werder (2003), S. 4].

!!! Definition

„Corporate Governance beschreibt Grundsätze guter und verantwortungsvoller Unternehmensführung als Rahmen für die Leitung und Überwachung eines Unternehmens."
[Werder (2003), S. 4]

Neben der Unternehmensverfassung werden - entsprechend international verbreitetem Verständnis - Fragen zur Führungsorganisation und zur Gestaltung von Managementvergütungssystemen behandelt [Hungenberg, Wulf (2006) S. 86ff.].

In Deutschland sind für die Corporate Governance zwei wichtige Meilensteine zu kennen:

- das Gesetz zur Kontrolle und Transparenz im Unternehmensbereich (kurz KonTraG von 1998),

- der „Deutsche Corporate Governance Kodex" (kurz DCGK
  von 2009).

Ziel des KonTraG ist es, die Kontrolle und Transparenz in deutschen Unternehmen zu verbessern. Deshalb wurden mit diesem
Gesetz etliche Vorschriften aus dem HGB (Handelsgesetzbuch)
und Gesellschaftsrecht (AktG (Aktiengesetz)) verändert. Mit dem
KonTraG wurde die Haftung von Vorstand, Aufsichtsrat und
Wirtschaftsprüfern in Unternehmen erweitert. Kern des KonTraG
ist eine Vorschrift, die Unternehmensleitungen dazu zwingt, ein
unternehmensweites Früherkennungssystem für Risiken (Risiko-
früherkennungssystem) einzuführen und zu betreiben, sowie Aussagen zu Risiken und zur Risikostruktur des Unternehmens im
Lagebericht des Jahresabschlusses der Gesellschaft zu veröffent-
lichen. Diese neue Vorschrift lautet im Gesetzestext (§ 91 Abs. 2
des AktG): „Der Vorstand hat geeignete Maßnahmen zu treffen,
insbesondere ein Überwachungssystem einzurichten, damit den
Fortbestand der Gesellschaft gefährdende Entwicklungen früh
erkannt werden." [Bundesgesetzblatt (1998), Teil I Nr. 24, S.787].

„Mit dem Deutschen Corporate Governance Kodex sollen die in
Deutschland geltenden Regeln für Unternehmensleitung und
-überwachung für nationale wie internationale Investoren transparent gemacht werden, um so das Vertrauen in die Unternehmensführung deutscher Gesellschaften zu stärken." [CGC (o.J.)]

Die durch eine fortbestehende Regierungskommission erarbeite-
ten und weiterentwickelten Verhaltensregeln enthalten Vorschriften zu sechs wesentlichen Feldern der Leitung und Kontrolle von
Unternehmen [CGC (o.J.); Hungenberg, Wulf (2006), S. 87]:

- Aktionäre und Hauptversammlung: z.B. Grundsatz „jede Ak-
  tie hat eine Stimme",

- Zusammenwirken von Vorstand und Aufsichtsrat: z.B. Aufsichtsrat legt die Berichtspflichten des Vorstands fest,

- Vorstand: z.b. Veröffentlichung der personenbezogenen Vergütungen der Vorstände,

- Aufsichtsrat: z.b. Orientierung der Aufsichtsrat-Vergütung am Unternehmenserfolg,

- Transparenz: z.b. alle Aktionäre werden gleichermaßen informiert,

- Rechnungslegung / Prüfung: z.b. Beachtung internationaler Rechnungslegungsvorschriften.

Der DCGK enthält geltendes Recht („Muss") und Empfehlungen, („Soll"). Empfehlungsabweichungen sind zu begründen und offenzulegen. Weiterhin enthält er Anregungen („Sollte", „Kann"), bei denen eine Abweichung ohne Offenlegung möglich ist. Bei den Vorgaben des Kodex handelt es sich nicht um gesetzliche Regelungen, sondern um gemeinsam getragene Vorstellungen von „Best Practice".

Der Gesetzgeber hat den im Kodex niedergelegten Prinzipien jedoch Nachdruck verliehen. Gemäß § 161 AktG und TransPubG von 2002 müssen Vorstand und Aufsichtsrat einer jeden börsennotierten deutschen Unternehmung jährlich eine Erklärung abgeben, in wie weit sie den Empfehlungen des Kodex entsprechen. Somit wirkt sich das Befolgen der Prinzipien des DCGK unmittelbar auf die Außendarstellung eines Unternehmens, sein Verhältnis zu den Aktionären und in der Folgewirkung, in der Attraktivität der Gesellschaft auf dem Kapitalmarkt aus. Über die rechtlich vorgegebenen Anwendungsbereiche hinaus ist von einer Ausstrahlungswirkung sowohl des KonTraG als auch des DCGK auf alle Unternehmen auszugehen.

Insgesamt kann für den Standort Deutschland eine zunehmende Verbesserung der Kontrolle, eine steigende Berücksichtigung der Shareholder sowie eine Annäherung an internationale Standards [DCGK (2009), S. 2] beobachtet werden.

6. Strategische Unternehmensführung

Die strategische Unternehmensführung beschäftigt sich – vereinfacht ausgedrückt – mit der Planung und Umsetzung von Strategien im Unternehmen. Das Ziel ist die Beantwortung der Frage, wie der Bestand und der Erfolg des Unternehmens dauerhaft gesichert werden können. Es reicht nicht aus, den bestehenden Erfolg oder Misserfolg zugrunde zu legen. Vielmehr sind laufend neue Strategiekonzepte zu entwickeln, um neue Chancen nutzen zu können wie auch frühzeitig das Unternehmensumfeld mit zu gestalten.

6.1 Die Grundlagen

Für den Begriff „Strategie" sind viele Interpretationen anzutreffen. Den weiteren Ausführungen liegt folgendes Strategieverständnis zugrunde:

> **!!!** Definition
>
> Unter dem Begriff **Strategie** wird im klassischen Strategieverständnis soviel wie „geplante Maßnahmenpakete für die Schaffung und Nutzung von Erfolgspotenzialen zur Erreichung unternehmerischer Ziele" verstanden [vgl. Welge, Al-Laham (2003), S. 13].

Dieses klassische Strategieverständnis wird durch eine Reihe von Merkmalen gekennzeichnet [vgl. ebenda, S. 13f.]:

- Strategien bestehen aus einer Reihe miteinander verbundener Einzelentscheidungen.

- Strategien sind ein hierarchisches Konstrukt, d.h. sie stehen in einem hierarchischen Verhältnis zu anderen Bestandteilen des strategischen Managements.

- Strategien treffen Aussagen zur Positionierung des Unternehmens.

- Strategien treffen Aussagen zur Ressourcenallokation.

Strategisches Management hat sich erst relativ spät als Führungsfunktion etabliert. Sie wurde durch die sich immer schneller ändernde Unternehmensumwelt und der damit verbundenen Anpassungserfordernis an die Unternehmen notwendig.

Das strategische Management soll die Voraussetzungen dafür schaffen, dass die normativen Ansprüche an die Entwicklung des Unternehmens langfristig erfüllt werden können. Dazu müssen strategische Ziele geplant, Strategien formuliert, ausgewählt und mit Hilfe von Strukturen und Systemen umgesetzt werden [vgl. Hungenberg (2008), S. 24]. So wird ein langfristig gültiger Rahmen geschaffen, in dem sich das operative Management vollzieht.

6.2 Der Strategieprozess

Der Strategieprozess wird idealtypisch in 5 Phasen unterteilt (s. Abb. 6-1):

1. **Strategische Zielplanung**

2. **Strategische Analyse**

3. **Strategieformulierung und -auswahl**

4. **Strategieimplementierung**

5. **Kontrolle der Strategieumsetzung**

Bei der strategischen Zielbildung werden in mehreren Prozessschritten die strategischen Unternehmensziele auf Basis der Vorgaben aus der normativen Zielplanung festgelegt. Die Ziele bestimmen die langfristige Ausrichtung des Unternehmens. Um hierauf basierend eine Strategie auswählen zu können, muss jedoch zunächst die notwendige Informationsbasis erarbeitet werden [vgl. Hungenberg (2008), S. 9].

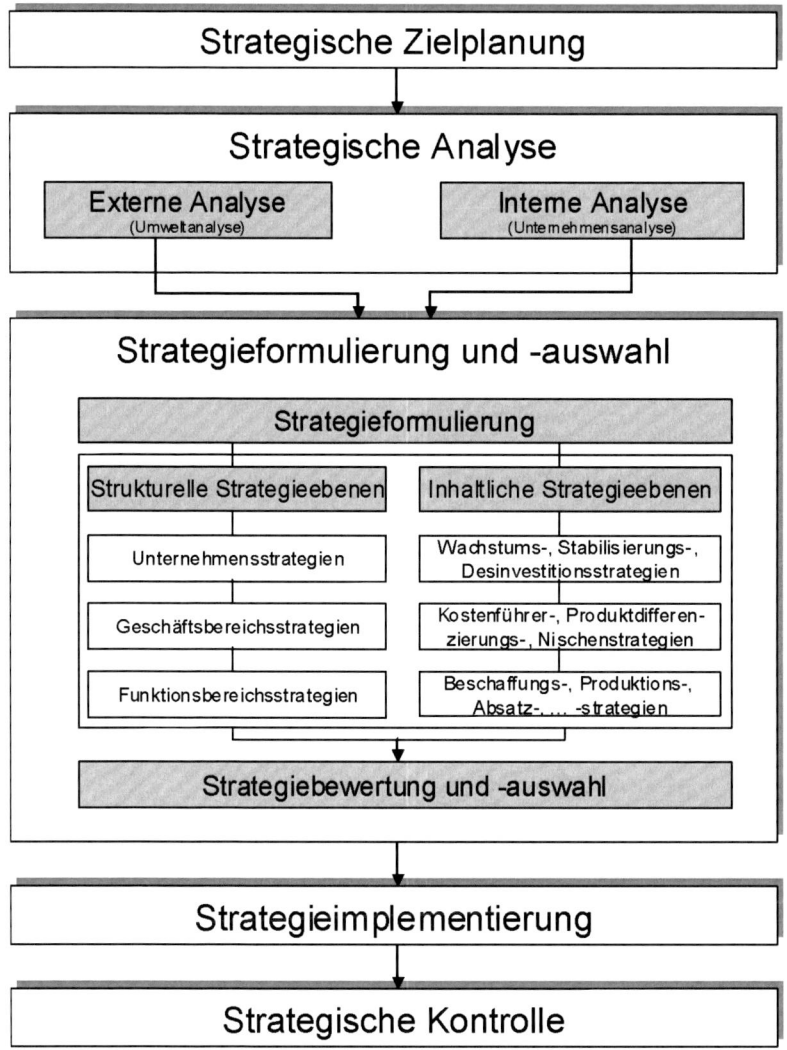

Abb. 6-1: Phasen des Strategieprozesses

Diese strategische Analyse wird unterteilt in externe (Umwelt-) und interne (Unternehmens-) Analysen. In der Umweltanalyse werden sämtliche, als relevant angesehene externe Faktoren, die das Unternehmen beeinflussen, untersucht. Chancen und Risiken werden auf Basis der gesammelten Informationen für das Unternehmen ermittelt. Die Unternehmensanalyse befasst sich mit den eigenen Stärken und Schwächen, z.B. in verschiedenen Geschäftsfeldern. Das Ziel der darauf aufbauenden Strategieformulierung und -auswahl ist es, verschiedene Strategien für das Unternehmen zu entwickeln, die angesichts der internen und externen Rahmenbedingungen geeignet scheinen, Vorteile im Wettbewerb zu schaffen. Aus den formulierten Strategiealternativen ist diejenige auszuwählen, durch die die Ziele des Unternehmens am besten erreicht werden [vgl. Hungenberg (2008), S. 328]. In der Implementierungsphase werden die ausgewählten Strategien umgesetzt bzw. realisiert. Zu diesem Zweck sind Strukturen und Systeme in Abstimmung mit der gewählten Strategie zu gestalten, die angestrebten Veränderungen sind zu operationalisieren und gegenüber den Mitarbeitern durchzusetzen [vgl. ebenda, S. 408]. Die Implementierung umfasst somit die Bereiche sachorientierte Umsetzung und verhaltensorientierte Durchsetzung. Abschließend sind die Umsetzung der Strategie, die Wirksamkeit der ergriffenen Maßnahmen und der Erfolg der Strategie insgesamt zu kontrollieren [ebenda, S. 11]. Die strategische Kontrolle überprüft laufend die Prämissen einer Strategie, hinterfragt ihre Konsistenz und überwacht die eigentliche Umsetzung mit Hilfe verschiedener Kontrollsysteme. Das Ergebnis der Kontrolle gibt Anstöße für zukünftige Strategieprozesse [vgl. Götze, Mikus (1999), S. 9ff.; Hungenberg (2008), S. 408].

6.2.1 Strategische Zielplanung

Die strategische Zielplanung ist ein Teil der strategischen Planung im strategischen Managementprozess. Jeder Strategieprozess benötigt Ziele, an denen er sich ausrichten und orientieren kann. Die für die Zielbestimmung notwendigen, übergeordneten Unternehmensziele kommen aus der normativen Unternehmensführung.

Oberstes normatives Unternehmensziel ist die Sicherung der langfristigen Überlebensfähigkeit des Unternehmens. Dieses Ziel konkretisiert sich in der Erzielung langfristigen Erfolges. Hierzu sind Erfolgspotenziale aufzubauen, zu pflegen und weiter zu entwickeln. Erfolgspotenziale wiederum konkretisieren sich durch eine Reihe interner und externer Erfolgsfaktoren, die im Rahmen des strategischen Managements direkte Steuerungsgrößen für die Strategieformulierung darstellen [Welge, Al-Laham (2003), S. 129]. In Abbildung 6-2 wird das Konzept der strategischen Zielplanung auf Basis von Zweck-Mittel-Relationen dargestellt (s. hierzu auch Abb. 6-4).

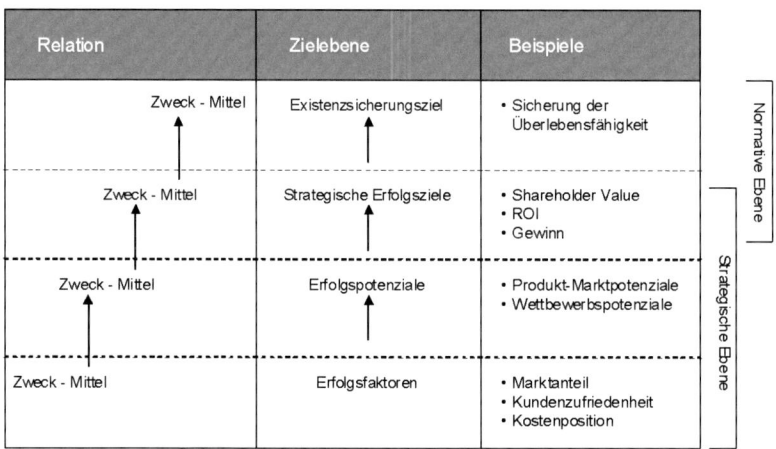

Abb. 6-2: Konzeption der strategischen Zielplanung
[i.A.a. Welge, Al-Laham (2003), S. 130]

Von den normativen Zielen des Unternehmens ausgehend werden im Rahmen eines strukturierten Zielplanungsprozesses die strategischen Unternehmensziele formuliert. Dieser Prozess der strategischen Zielplanung erzwingt die systematische Formulierung und Bewertung von Zielalternativen und läuft in fünf Phasen ab:

Phase 1: Zielsuche

Im ersten Schritt werden unter Berücksichtigung der individuellen Wertevorstellungen des Unternehmens sowie externer (bspw. Kunden, Banken, Lieferanten) und innerorganisatorischer Gruppen mit unterschiedlichen Interessen mögliche strategische Ziele formuliert. Einige Beispiele für strategische Unternehmensziele zeigt Abb. 6-3 auf:

Beispiele für strategische Unternehmensziele

☐ Steigerung des ROI im Jahre 2012 um 5%

☐ Verbesserung der Marktstellung (Marktanteilssteigerung um 10% im Jahre 2012)

☐ Die heimischen Absatzmärkte sollen durch ausländische Märkte erweitert werden (Markteintritt in Asien)

☐ Die Marktführerschaft soll verteidigt werden

☐ Der Shareholder Value soll gesteigert werden

Abb. 6-3: Beispiele für strategische Unternehmensziele
[i.A.a. Bea, Haas (2005), S. 70]

Phase 2: Operationalisierung der Ziele

Im zweiten Schritt müssen die alternativen Ziele ausreichend präzise formuliert werden (Operationalisierung), damit sie ihre Funktionen erfüllen können. Folgende Merkmale müssen für die Operationalisierung – analog den Bestandteilen eines Plans – bestimmt werden [vgl. hierzu auch Welge, Al-Laham, (2003), S. 117]:

- **Zielinhalt:** (Was soll erreicht werden?) Der Zielinhalt bezieht sich auf die sachliche Festlegung, von dem was angestrebt wird (Formulierung des Ziels).

- **Zielausmaß:** (Wie viel soll erreicht werden?) Das Zielausmaß bestimmt die angestrebte Ergebnishöhe.

- **Zeitlicher Bezug:** (Wann soll etwas erreicht werden?) Der zeitliche Bezug fixiert die Gültigkeitsdauer der Ziele bis zu einem bestimmten Zeitpunkt oder einer Periode. Daraus ergibt sich, ob die Ziele kurz-, mittel- oder langfristige sind.

Phase 3: Zielanalyse und -ordnung

In dieser Phase werden einzelne Ziele in ein Rangverhältnis gebracht, um eine Ordnungsstruktur herzustellen. Für die Bildung einer solchen Struktur können folgende Ordnungskriterien herangezogen werden:

- **Rang:** Innerhalb eines Zielsystems veranschaulicht der Rang den hierarchischen Stellenwert eines Ziels im Vergleich zu einem anderen Ziel. Dabei lassen sich Rangunterschiede in Ober-/Unterzielen, Haupt-/Nebenzielen oder Primär- / Sekundärzielen ausdrücken. Bei all diesen Rangunterschieden wird das Ordnungsmerkmal Zweck-Mittel-Relation zugrunde gelegt.

- **Prioritäten:** Die Ordnung der Ziele nach Prioritäten drückt aus, welche Bedeutung den einzelnen Zielen im Gesamtzusammenhang beigemessen wird. Gleichrangige Ziele können unterschiedliche Beiträge zur Erfüllung eines ranghöheren Ziels leisten. Dabei besitzen die Ziele mit den höheren Beiträgen eine höhere Präferenz, als diejenigen mit den geringeren Beiträgen. Das zugrunde liegende Ordnungsmerkmal ist hier die Bewertung von Zielinhalten.

- **Zielwirksamkeitsbeziehungen:** Zwischen den Zielen innerhalb eines Zielsystems können drei Klassen von Zielwirksamkeitsbeziehungen auftreten. Die erste Klasse ist die Zielneutralität. Eine neutrale Zielbeziehung liegt dann vor, wenn die Erreichung eines Ziels durch die Verfolgung eines anderen Ziels weder positiv noch negativ beeinflusst wird. Die beiden Ziele stehen also in keinem Zusammenhang zueinander. Bei der zweiten Klasse, der Zielkomplementarität, führt die zunehmende Erreichung eines Ziels gleichzeitig auch zur Förderung der Zielerreichung eines anderen Ziels. Die letzte Klasse ist die Zielkonkurrenz. Sie liegt dann vor, wenn die Verfolgung des einen Ziels dazu führt, dass der Zielerreichungsgrad des anderen Ziels verringert wird. Das bedeutet, positive Beiträge zum einen Ziel führen zu einer negativen Beeinflussung der Beiträge eines anderen Ziels.

- **Zuordnungsbereich:** Ziele gelten immer für eine Unternehmenseinheit oder für das gesamte Unternehmen und sollten danach strukturiert werden. Dabei kann eine Differenzierung in unterschiedliche Ebenen, wie Unternehmensgesamt-, Geschäftsbereichs-, Funktionsbereichsziel oder regional gültige Ziele vorgenommen werden.

Der Ausgangspunkt eines Zielsystems ist die funktionale Beziehung zwischen Zwecken und Mitteln. Auf jeder Hierarchiestufe nimmt das Ziel sowohl die Funktion des Mittels als auch die des Zwecks ein:

- Einerseits ist das untergeordnete Ziel das Mittel zur Erreichung des nächst höheren Ziels und

- andererseits ist dasselbe Ziel der Zweck (oder übergeordnetes Ziel) für das untergeordnete Ziel.

Der Zusammenhang, dass alle untergeordneten Ziele in einer Zweck-Mittel-Relation zum nächst höheren Ziel stehen, wird in der Abbildung 6-4 an Hand eines Beispiels dargestellt.

Das Kennzahlensystem von DuPont stellt ebenfalls eine solche Zweck-Mittel-Relation dar. Dort wird das Oberziel in mehrere Unterziele aufgeteilt, die wiederum weiter aufgespalten und präzisiert werden. Diese stufenweise Zerlegung wird auch deduktive Zielauflösung genannt [vgl. Welge, Al-Laham (2003), S. 116f.].

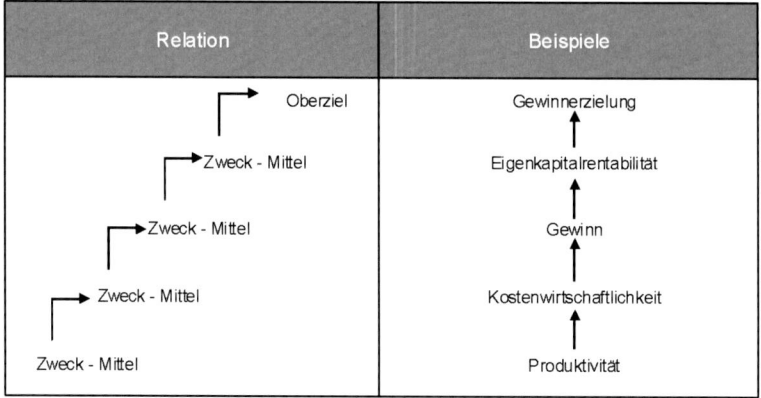

Relation	Beispiele
Oberziel	Gewinnerzielung
Zweck - Mittel	Eigenkapitalrentabilität
Zweck - Mittel	Gewinn
Zweck - Mittel	Kostenwirtschaftlichkeit
Zweck - Mittel	Produktivität

Abb. 6-4: Zweck-Mittel-Relation und Zielhierarchie
[vgl. Welge, Al-Laham (2003), S. 119]

Phase 4: Prüfung auf Realisierbarkeit

Ziele sollen nicht nur operational definiert, sondern auch realisierbar sein. Dabei kommt es besonders darauf an, dass das Zielausmaß realistisch festgelegt wird. Denn Ziele müssen anspruchsvoll und erreichbar sein, sonst können sie ihre Funktionen nicht erfüllen. Die Prüfung auf Realisierbarkeit muss darüber hinaus im Einzelnen folgende Fragen beantworten [vgl. Wild 1982), S. 62]:

• Sind die für die Zielerreichung erforderlichen Maßnahmen im Rahmen der insgesamt verfügbaren Ressourcen innerhalb der geplanten Zeiträume durchführbar? Verwirklichen die Maßnahmen die angestrebten Ziele?

• Reichen das Leistungspotenzial und die organisatorische Kompetenz der mit der Durchführung beauftragten einzelnen Stellen aus, um die Maßnahmen zeitgerecht zu realisieren?

• Sind die einzelnen Ziele innerhalb des Zielsystems miteinander verträglich, oder treten Zielkonflikte (Zielkonkurrenz) auf?

Phase 5: Zielentscheidung

Ist ein Zielsystem entwickelt worden, das operationale und realisierbare Ziele enthält, so ist abschließend eine Entscheidung über die zu verwirklichenden Ziele zu treffen. Es sind diejenigen Zielkombinationen / Zielbündel auszuwählen, die gemeinsam ein Optimum hinsichtlich der Verwirklichung der Oberziele versprechen. Eine Entscheidung zwischen Zielalternativen kann jedoch erst erfolgen, wenn zielwirksame Konsequenzen, notwendige Maßnahmen und erforderliche Ressourcen bestimmt wurden. Daraus ergibt sich ein Problem in der Zielplanung, der darin besteht, dass die Zielwirkungen zu diesem Zeitpunkt noch nicht ausreichend bestimmt werden können. Die festgelegten Ziele im Zielbildungsprozess stellen daher lediglich eine Ausgangsgröße dar. Diese sind im Verlauf des Strategieprozesses, insbesondere nach den Erkenntnissen aus der strategischen Analyse und Prognose zu konkretisieren und endgültig verbindlich zu machen [vgl. Welge, Al-Laham (2003), S. 119].

6.2.2 Strategische Analyse

Es ist Ziel des Strategischen Managements, eine geeignete Strategie zu entwickeln, in der eine möglichst weitgehende Harmonisierung der internen Strukturen und Leistungsfähigkeit des Unternehmens mit den Anforderungen der Umwelt herbeigeführt und aufrechterhalten wird. Dies schafft die erforderlichen Erfolgspotenziale. Die notwendigen Informationen für solch eine Entwicklung liefert die strategische Analyse, in deren Rahmen die interne und die externe Situation des Unternehmens analysiert werden.

!!! Merke

Die **strategische Analyse** dient dazu, die Informationsbasis zu erarbeiten, die für eine zielorientierte Strategieentscheidung notwendig ist [vgl. Hungenberg (2008), S. 87].

Im Rahmen der (externen) Umweltanalyse sind die Chancen und Risiken des Umfelds zu analysieren und seine Veränderungen abzuschätzen. Dagegen werden im Rahmen der (internen) Unternehmensanalyse die Stärken und Schwächen des Unternehmens identifiziert und systematisiert.

Die Umweltanalyse dient der Beschaffung von Informationen über das heutige und zukünftige Unternehmensumfeld zur Erkundung der externen Chancen und Risiken. Zu ihren Elementen zählen z.b. die Konkurrenz- wie auch die Branchenanalyse. Die Umweltanalyse ist der eigentliche Ausgangspunkt der Strategieentwicklung. Strategische Planung setzt die Analyse (und Prognose) der externen Bedingungen voraus, denn nur so lässt sich eine Analyse von Chancen und Risiken zur Formulierung von Strategien durchführen [vgl. Horváth (2009), S. 327].

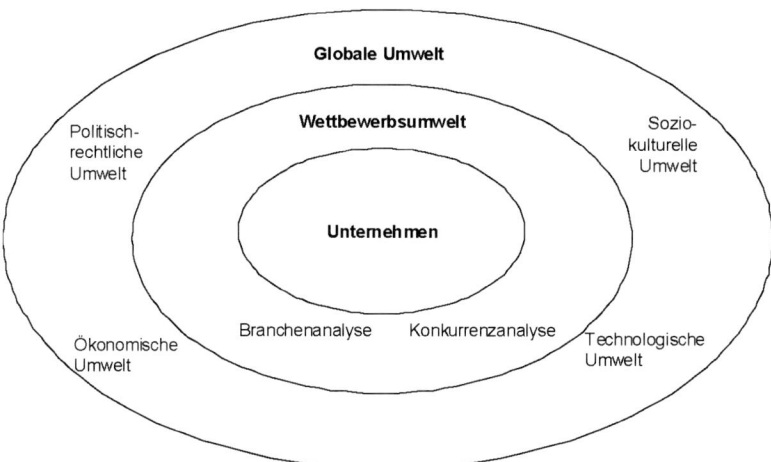

Abb. 6-5: Segmente der Umweltanalyse
[Pfau (2001), S.18]

Die wesentliche Aufgabe der Umweltanalyse liegt in der Bereitstellung von möglichst vollständigen, genauen und sicheren Informationen der relevanten Umweltsegmente für die Unternehmensführung. Umweltsegmente können z.b. die technologische Umwelt oder die politisch-rechtliche Umwelt sein (s. Abb. 6-5). Eine weitere wichtige Aufgabe der Umweltanalyse besteht darin, aus einer Fülle von Einflussfaktoren diejenigen herauszufiltern, die für das Überleben und den Erfolg des Unternehmens entscheidend sind.

Die Umweltanalyse strukturiert die Unternehmensumwelt in zwei Ebenen, die allgemeine bzw. globale Umwelt und die Wettbewerbsumwelt. Die Wettbewerbsumwelt ist für die Zielsetzung und Zielerreichung sowie als Operationsfeld der Unternehmung relevant oder potenziell relevant. In Abgrenzung zum Wettbewerbsumfeld wird in Bezug auf allgemeine wirtschaftliche, technologische, kulturelle und gesellschaftliche Umfeldfaktoren, die keinen spezifischen Bezug zum Unternehmen haben, von der globalen Umwelt eines Unternehmens gesprochen [vgl. Staehle (1999), S. 624f.]. Dieses ist besonders dann von Interesse, wenn seine Faktoren Einfluss auf das Aufgabenumfeld des Unternehmens haben. Vor allem technische Entwicklungen sind zu einem der wichtigsten generellen Umfeldfaktoren avanciert, der seinerseits große Auswirkungen auf die anderen Faktoren hat [vgl. Staehle (1999), S. 627].

Durch die Analyse der unterschiedlichen Umweltsegmente aus diesen zwei Ebenen wird die strategische Umweltanalyse zu einem mehrstufigen Prozess. Ziel dabei ist es, dem Management umweltrelevante Informationen zur erfolgreichen Strategieformulierung zur Verfügung zu stellen [vgl. Pfau (2001), S. 17 f.]. Nach *Andrews* sind dabei folgende Fragen hilfreich [Andrews (1980, S. 70ff.]:

- Unter welchen wirtschaftlichen und technischen Bedingungen operiert das Unternehmen?

- Welche Trendentwicklungen zeichnen sich ab?

- Welche Wettbewerbssituation herrscht vor?

- Welche Anstrengungen sind erforderlich, um bei der gegebenen Konkurrenzsituation zum Erfolg zu kommen?

- Welches Spektrum an Strategien ergibt sich unter Berücksichtigung der unternehmerischen Absichten angesichts der technischen, wirtschaftlichen, sozialen und politischen Entwicklungstendenzen?

Die erste Ebene der Umweltanalyse, die globale Umwelt, beeinflusst den Handlungsspielraum der Unternehmen sowohl direkt als auch indirekt. Daher besteht die Aufgabe der Analyse darin, Veränderungen in den relevanten Umweltsegmenten zu erkennen, deren Entwicklung zu prognostizieren und die daraus resultierenden Konsequenzen für das Unternehmen aufzuzeigen. Auf die erhaltenen Informationen kann das Unternehmen jedoch nicht oder nur eingeschränkt Einfluss nehmen. Demzufolge sind sie als Rahmenbedingungen für das strategische Handeln anzusehen [vgl. Pfau (2001), S. 19].

Bei der Analyse der globalen Umwelt sind vier unterschiedliche Segmente zu unterscheiden, zwischen denen vielfältige Beziehungen bestehen.

Ökonomische Umwelt
-Wirtschaftliche Entwicklung
-Kreditsicherheit
-Höhe des verfügbaren Einkommens
-Konsumneigung
-ausschlaggebender Zinssatz
-Steuer
-aktueller Wechselkurs
-Internationale wirtschaftliche Entwicklung
-Einkommensverteilung in der Bevölkerung
-Pro-Kopf-Einkommen
-Lohn- und Gehaltsniveau

Sozio-kulturelle Umwelt
-Werte und Einstellungen
 der Bevölkerung
-Lebensstil und Bevölkerungsmix
-Arbeitseinstellung
-Demographie der Bevölkerung
-Religion
-Einstellung der Bevölkerung
 gegenüber der Industrie
-Status-Symbole

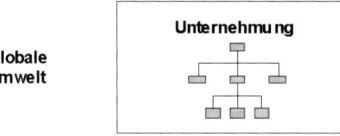

Globale
Umwelt

Globale
Umwelt

Technologische Umwelt
-Erfindungen in der Wissenschaft
-Technische Entwicklungen in
 alternativen Industriezweigen
-Technologische Entwicklungen in
 der Industrie

Politisch-rechtliche Umwelt
-Gesetzgebung des Bundes, der
 Bundesstaaten und der Gemeinden
-Politische Ideologie der Regierung
-Politische Einstellung gegenüber
 der Industrie

Abb. 6-6: Segmente der globalen Umwelt
[vgl. Welge, Al-Laham (2003), S. 190]

Zu den vier Segmenten gehören die ökonomische Umwelt, die politisch-rechtliche Umwelt, die sozio-kulturelle Umwelt und die technologische Umwelt. Abb. 6-6 stellt die Segmente der globalen Umwelt mit den zu untersuchenden Faktoren dar [vgl. Welge, Al-Laham (2003), S. 189f.].

Im Rahmen der Analyse der globalen Umwelt vollzieht sich der Datengewinnungsprozess nach dem Stakeholder-Ansatz in vier Teilschritten:

- Systematisches Durchsuchen sämtlicher Segmente der globalen Umwelt nach Trends und Frühindikatoren bzw. „schwachen Signalen" für Umweltveränderungen (Environmental Scanning).

- Beobachtung und Interpretation von Umweltentwicklungen durch kontinuierliches Aufzeichnen relevanter Informationen (Environmental Monitoring).

- Prognose von Richtung, Ausmaß, Intensität und Geschwindigkeit der identifizierten Umweltentwicklungen (Environmental Forecasting).

- Einschätzung der erwarteten Auswirkungen nach Art und Weise, Wahrscheinlichkeit und Zeitpunkt des Eintretens zur Identifikation von Chancen und Bedrohungen (Environmental Assessment).

Diese Vorgehensweise wird in allen Segmenten der globalen Umwelt entsprechend angewandt [vgl. Pfau (2001), S. 19f.].

Die zweite Ebene der Umweltanalyse, die Wettbewerbsumwelt, beinhaltet die Branchenanalyse und die Konkurrenzanalyse. Die Erkenntnisse aus diesen Analysen dienen dazu, die voraussichtliche Entwicklung des eigenen Unternehmens mit der erwarteten Branchenentwicklung bzw. der erwarteten Konkurrenzentwicklung zu vergleichen. Daraus kann die eigene zukünftige Position des Unternehmens in der Branche bzw. gegenüber den Konkurrenten abgeleitet werden [vgl. Pfau (2001), S. 23f.].

Bei der Unternehmensanalyse werden systematisch Stärken und Schwächen des Unternehmens aufgeschlüsselt. Die Stärken und Schwächen des Unternehmens bestimmen, ob es die Chancen wahrnehmen und die Risiken bewältigen kann, die aus der Umweltanalyse resultieren.

Aus bestehenden Leistungs- und Führungspotenzialen lassen sich verschiedene strategische Erfolgsfaktoren ableiten. Diese sind die Quelle des strategischen Erfolgs.

 Instrumente der Umweltanalyse sind z.B.:

Für die Globale Umwelt:
- BERI-Index (Business Environment Risk Index)
- S-Kurvenkonzept

Für die Wettbewerbsumwelt:
- Branchenanalyse
- Konkurrenzanalyse

 Instrumente der Unternehmensanalyse sind z.B.:

- Wertkettenanalyse nach Porter
- PIMS-Programm (Profit Impact on Market Strategies)
- Produktlebenszyklusanalyse
- Erfahrungskurvenkonzept

!!! Merke

Die Zusammenführung der Umwelt- und der Unternehmensanalyse erfolgt mit Hilfe der SWOT-Analyse (Strength, Weakness, Opportunities und Threats).

6.2.3 Strategieformulierung und -auswahl

Nach der strategischen Analyse ist die nächste Phase im strategischen Planungsprozess die Strategieformulierung und -auswahl. Aus den gewonnenen Erkenntnissen der Unternehmens- und Umweltanalyse gilt es jetzt geeignete Strategien zu entwickeln, die es ermöglichen, die strategischen Ziele zu erreichen.

6.2.3.1 Grundprinzipien der Strategieformulierung

Grundsätzlich kommen im Rahmen der Strategieformulierung dem schöpferischen Denken und der Intuition zwar eine große Bedeutung zu, daneben erweist sich aber auch die Beachtung bestimmter Prinzipien bei der Strategieentwicklung als vorteilhaft. Die meist genannten Prinzipien gehen zurück auf *Pümpin* [Pümpin (1986), S. 129ff.; sowie Kreikebaum (1997), S. 70]:

• Konzentration der Kräfte

• Aufbau von Stärken bei gleichzeitiger Vermeidung von Schwächen

• Ausnützen von Umwelt- und Marktchancen

• Innovationen

• Nutzung von Synergiepotenzialen

• Abstimmung von Zielen und Mitteln

• Schaffung einer führbaren Organisation

• Risikoausgleich / Risikostreuung

• Ausnutzung von Koalitionsmöglichkeiten

Da dieser Kriterienkatalog kaum konkrete Handlungsempfehlungen angibt, schlagen *Welge* und *Al-Laham* [Welge, Al-Laham (2003), S. 317ff.] die Konzentration auf die folgenden Punkte vor:

• **Konzentration der Kräfte:** Der Grundsatz der Konzentration der Kräfte bezieht sich sowohl auf die Aktivitäten des Unternehmens am Markt (externe Perspektive) als auch auf unternehmensinterne strategische Handlungen (interne Perspektive). Die interne Perspektive richtet ihr Augenmerk auf die eigenen Funktionen und deren Beiträge zur Wertschöpfung des Unternehmens zur Erlangung von Wettbewerbsvorteilen. Nach außen gerichtet bedeutet dieser Grundsatz, dass nur die

Produkt-/Markt-Kombinationen gefördert werden, denen die größten Erfolgspotenziale zugerechnet werden.

Die unternehmensinterne Konzentration der Kräfte ist darauf gerichtet, die innerbetrieblichen Prozesse bezüglich ihres Wertschöpfungsbeitrages zu optimieren und damit ihren Beitrag zu einem Wettbewerbsvorteil zu erhöhen. Die Wertkette von Porter kann für die wertkettenbezogene Betrachtung des Unternehmens herangezogen werden. Ziel dieser Kräftekonzentration ist die Verbesserung von den Wertschöpfungsaktivitäten, mit denen Kosten- und Differenzierungsvorteile gegenüber den Wettbewerbern erzielt werden.

- **Aufbau bzw. Erhaltung von Stärken und Vermeidung bzw. Reduktion von Schwächen:** Eine erfolgversprechende Strategie sollte darauf ausgerichtet sein, die Stärken zu nutzen und die Schwächen des Unternehmens zu vermeiden. Dabei geht es nicht nur um die aktuellen Stärken und Schwächen, sondern vielmehr um die zukünftigen strategischen Stärken und Schwächen. Langfristig steht hier die Orientierung an externen Chancen und Risiken im Vordergrund der Strategieentwicklung. Die SWOT-Matrix liefert hierzu wichtigen Input.

Durch das Setzen von gezielten Schwerpunkten soll bei beiden Perspektiven eine Verschwendung knapper Ressourcen verhindert werden, um so die Erfolgschancen des Unternehmens zu verbessern.

- **Optimierung des Ressourcenpotenzials:** Wettbewerbsvorteile können durch besondere Ressourcen, Fähigkeiten oder Kompetenzen eines Unternehmens entstehen. Hierauf aufbauend können Strategien entwickelt werden. Während die gegenwärtige Ressourcenbasis die gegenwärtigen Möglichkeiten absteckt, stehen dem Unternehmen auch Möglichkeiten offen, die Ressourcenbasis zu verändern [vgl. Welge, Al-Laham (2003), S. 322]. So stellen z.B. Akquisitionsstrategien oder Ressourcenentwicklung Möglichkeiten dar, die Ressourcenbasis wie auch den Marktfokus des Unternehmens zu erweitern. [vgl. ebenda, S. 322].

- **Aufbau und Nutzung von Synergiepotenzialen:** Diese spielen insbesondere bei Wachstumsstrategien eine große Rolle. Die meisten Fusionen, Akquisitionen oder Diversifikationen eines Unternehmens werden durch Synergieerwartungen begründet. Der Synergiebegriff beschreibt den Sachverhalt, „(...) dass durch eine bestimmte Zusammenfassung von Einzelaktivitäten eine Gesamtwirkung erzielt wird, die größer ist als die Summe der Einzelaktivitäten (2+2=5 Effekt)." [Welge, Al-Laham (2003), S. 324]. Dabei kann es sich um ein Zusammenwirken von Produktionsfaktoren, Produkten, Organisationseinheiten, Geschäftsbereichen oder ganzer Unternehmen handeln. Die erzielbaren Synergien lassen sich in technologische, finanzielle oder kostensparende Synergien und Marketing- oder Managementsynergien unterscheiden. Die gewünschte Wirkung einer Synergie wird nicht zwangsläufig eintreten, sie muss durch entsprechende Managementleistungen herbeigeführt werden.

Diese Grundprinzipien gilt es im Rahmen der Strategieformulierung zu beachten.

Nicht beantwortet wurde bisher jedoch die Frage, wie Strategien formuliert werden. Hierbei können zwei grundsätzliche Vorgehensweisen unterschieden werden, die intuitive und die rationale Vorgehensweise [vgl. Kreikebaum (1997), S. 74]:

- Bei der intuitiv vorgenommenen Strategiesuche orientiert sich das Unternehmen an den gesammelten Erfahrungen. In diese subjektive Einschätzung fließen Erkenntnisse sowohl aus der Unternehmens- als auch der Umweltsituation mit ein. Erscheint die bisherige Strategie nicht mehr zweckmäßig, findet die Suche nach neuen Strategien statt.

- Die rationale Vorgehensweise baut dagegen auf einer expliziten Umwelt- und Unternehmensanalyse auf. Unterschiedliche unternehmerische Absichten führen dabei zur Suche nach möglichen Strategiealternativen.

Der Prozess der Strategieformulierung erfordert ein hohes Maß an Kreativität bei allen Mitarbeitern. In der Praxis hat sich denn auch eher ein strukturiertes Verfahren als vorteilhaft erwiesen. Welche

Vorgehensweise jedoch letztendlich bei der Strategieformulierung zur Anwendung kommt, hängt von einer Vielzahl an Faktoren ab. Solche Faktoren sind z.b. die Größe des in den Strategieformulierungsprozess einbezogenen Personenkreises (trifft ein Unternehmer alleine die Entscheidung, ein Projektteam oder ein Team von Managern ...), die Erfahrung der beteiligten Personen, die Unternehmensstruktur, etc., um nur einige zu nennen.

6.2.3.2 Strategieebenen und Strategiearten

Abhängig von der Blickrichtung auf das Unternehmen können verschiedene Strategiearten unterschieden werden [vgl. Kreikebaum (1997), S. 71; Welge, Al-Laham (2003), S. 326f.]:

- Auf struktureller Ebene umfasst der Geltungsbereich der Strategien das gesamte Unternehmen, die unterschiedlichen Geschäftsbereiche sowie die einzelnen betrieblichen Funktionen.

- Auf der inhaltlichen Ebene beziehen sich die strategischen Entscheidungen auf das Leistungsprogramm des Unternehmens und damit die künftige Entwicklung. Die Strategien auf Unternehmensebene geben die generelle Stoßrichtung des gesamten Unternehmens an (z.b. Wachstumsstrategien). Auf Geschäftsbereichsebene ist der Rahmen auszufüllen, der von der Unternehmensstrategie vorgegeben wird. Hierzu zählen die Wettbewerbsstrategien nach *Porter* [vgl. Bea, Haas (2005), S. 184]. Zur Umsetzung bedarf es einer Reihe konkreter Maßnahmen auf Funktionsbereichsebene, hierzu zählen z.b. Beschaffungs-, Marketing- und Technologiestrategien.

In Abbildung 6-7 findet sich eine Übersicht der Strategieebenen (Geltungsbereiche) und Strategiearten, die nachfolgend kurz erläutert werden sollen.

Auf der strukturellen Ebene werden – wie oben angeführt - drei Strategieebenen unterschieden: Gesamtunternehmen, Geschäftsbereiche und Funktionsbereiche. Bei dieser Differenzierung wird von einem Großunternehmen ausgegangen. Bei kleinen und mittelständischen Unternehmen, die nur eine Produktgruppe herstellen und nicht nach Kundengruppen oder Regionen differenziert sind, wird nicht weiter in Unternehmens- und Geschäftsbereichs-strategien unterschieden [vgl. Pfau (2001), S. 50 f.].

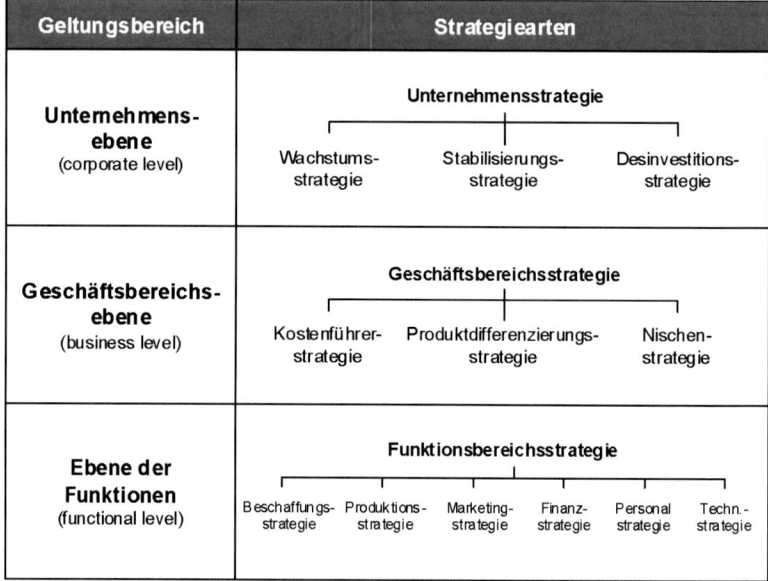

Abb. 6-7: Arten von Strategien nach ihrem Geltungsbereich
[i.A.a. Bea, Haas (2005), S.170]

Unternehmensstrategien

Die Unternehmensstrategie legt die generelle Stoßrichtung des gesamten Unternehmens fest und bildet den Bezugsrahmen für die Ableitung von Teilstrategien einzelner Bereiche. Auf inhaltlicher Ebene lassen sich hinsichtlich der beabsichtigten langfristigen Entwicklungsrichtungen des Unternehmens Wachstums-, Stabilisierung- und Desinvestitionsstrategien unterscheiden [vgl. Pfau (2001), S. 50 f.; Kreikebaum (1997), S. 73]:

- Wenn ein Unternehmen eine **Wachstumsstrategie** verfolgt, strebt es die Ausweitung seines Produkt- / Dienstleistungs-programms an.

- Plant das Unternehmen keine Veränderung seines Produkt- / Dienstleistungsprogramms, wird von **Stabilisierungsstrategien** gesprochen.

- Bei der **Desinvestitionsstrategie** (oder Schrumpfungsstrategie) wird explizit ein Leistungsabbau (Reduktion des Produkt- / Dienstleistungsprogramms, Reduktion der Wertschöpfung), geplant. So können z.b. gesellschaftlicher Wertewandel, begrenzte Zugänge zu wichtigen Ressourcen, demografischer Wandel oder Änderungen der staatlichen Rahmenbedingungen Gründe für Desinvestitionsstrategien sein.

Im Hinblick auf die beabsichtigte Unternehmensentwicklung sind auf dieser strategischen Ebene nicht nur Entscheidungen über die Anzahl, Zusammensetzung und Entwicklung der strategischen Geschäftseinheiten zu treffen, sondern auch über Beteiligungs- und Kooperationsaktivitäten sowie die Zuteilung der personellen, materiellen und finanziellen Ressourcen. Zentrale Bedeutung für diese Strategieebene hat das Instrument der Portfoliotechnik.

Geschäftsbereichsstrategien

Durch die Ableitung von geschäftsbereichsbezogenen Strategien wird der vorgegebene Rahmen aus den Unternehmensstrategien konkretisiert. Geschäftsbereichsstrategien beziehen sich auf die Ebene der strategischen Geschäftsbereiche und legen die Vorgehensweise der im Unternehmen verfolgten Produkt-Markt-Kombinationen fest.

!!! Merke

Strategische Geschäftsbereiche sind weitgehend voneinander unabhängige Bereiche des Unternehmens, die über eigene Erfolgspotenziale, Chancen und Risiken verfügen. Sie sollen relativ autonom geführt werden. Für diese sind deshalb eigenständige Strategien zu entwickeln [vgl. Müller-Stewens, Lechner (2005), S. 159]. Die Geschäftsbereichsführung sollte für die Entwicklung und Umsetzung der Strategie sowie für die erforderlichen Ressourcen verantwortlich sein [vgl. Dillerup, Stoi (2011), S. 143].

Nach *Porter* sind Geschäftsbereichsstrategien vorrangig Wettbewerbsstrategien [vgl. Porter (1999), S. 62ff.]. Er unterteilt sie in die Kostenführerschaftsstrategien, Produktdifferenzierungsstrategien und Nischenstrategien (Konzentration auf Schwerpunkte).

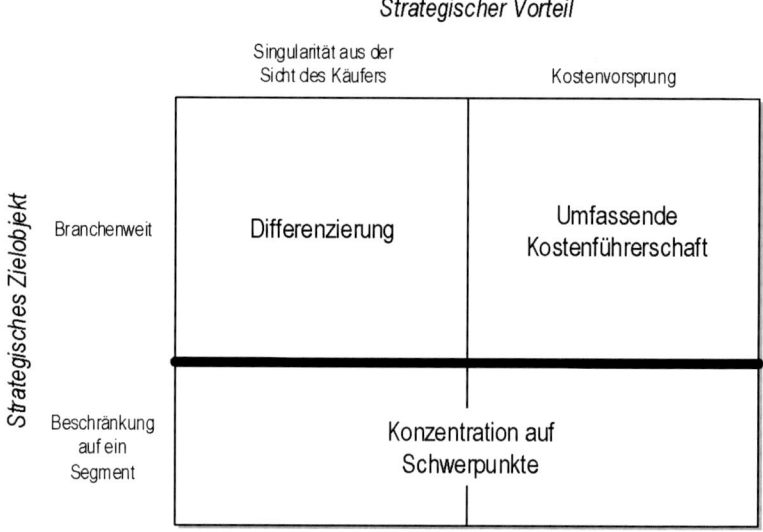

Abb. 6-8: Die drei generischen Strategietypen
[vgl. Porter (1999), S. 75]

Die relevante Strategie ist in Abhängigkeit vom betrachteten Geschäftsbereich auszuwählen. Für die richtige Entscheidung bei der Wahl der Wettbewerbsstrategie gilt es die Stärken und Schwächen der Geschäftsbereiche sowie die Chancen und Risiken der Branchenentwicklung zu berücksichtigen [vgl. Pfau (2001), S. 61f.].

* Das Ziel der **Kostenführerschaftsstrategie** besteht darin, der preisgünstigste Wettbewerber auf dem Markt zu sein [vgl. Bea, Haas (2005), S. 185]. Hierzu ist eine rigorose Politik der Kostensenkung, z.B. durch Ausnutzung von Skaleneffekten (economies of scale) und Lerneffekten (economies of learning), Synergieeffekten (economies of scope) oder die Entscheidung „make-or-buy" [vgl. Porter (2003), S. 102ff.] notwendig, z.B. Massenfertigung.

Die Kostenführerschaft führt zum einen zu einer starken Spezialisierung auf kostengünstige Produkt- und Verfahrenstechnologien. Des Weiteren besteht die Gefahr, die eigentlichen Marktbedürfnisse aus dem Blick zu verlieren und zugleich änderungsfeindlich zu werden. Nicht zuletzt können technologische Veränderungen den erworbenen Kostenvorsprung schnell zunichte machen [vgl. Welge, Al-Laham (2003), S. 389].

- Das Ziel der **Differenzierungsstrategie** besteht in der Herstellung und dem Angebot eines Produkts, das sich in Qualität und Service von den Konkurrenzprodukten deutlich abhebt [vgl. Bea, Haas (2005), S. 186]. Mögliche Ansatzpunkte für die Umsetzung sind z.b. technische Merkmale eines Produktes, das Design, Markenbildung, Service oder auch das Vertriebsnetz [vgl. ebenda, S. 187]. Als Beispiel sei hier das iPod von Apple genannt.

Zu beachten ist, dass die Differenzierungsstrategie zu einem Kostennachteil führen kann, bei dem sich die Differenzierung für den Kunden nicht mehr lohnt. Außerdem könnten Vorteile dieser Strategie durch Nachahmer verloren gehen.

- Das Ziel der **Nischenstrategie** (Konzentration auf Schwerpunkte) ist die Ausrichtung auf ein ganz bestimmtes und eng abgegrenztes Käufersegment [vgl. ebenda, S. 188], einen regionalen Markt oder eine enge Produktlinie. Das größte Risiko der Nischenstrategie ist die Gefahr der Nachahmung durch Marktführer, die das Nischenprodukt auf dem Gesamtmarkt anbieten.

Funktionsbereichsstrategien

Zu den zentralen Funktionsbereichen eines Unternehmens zählen: Forschung und Entwicklung, Beschaffung, Produktion und Marketing mit den entsprechenden funktionsbezogenen Strategien (Marketingstrategie, Produktionsstrategie ...). Daneben können dieser Ebene auch Personal-, Finanz-, und Technologiestrategien zugeordnet werden [vgl. Pfau (2001), S. 68f.].

Die Funktionsbereichsstrategien haben eine Reihe von Aufgaben [vgl. Welge, Al-Laham (2003), S. 408], insbesondere aber eine

- **Detaillierungsfunktion**: Die einzelnen planerischen Konsequenzen für die Funktionsbereiche werden im Rahmen der funktionalen Strategien detailliert dargestellt. Hier dienen die funktionalen Strategien der korrekten Interpretation der Unternehmens- und Geschäftsbereichsstrategien in den Funktionsbereichen.

- **Koordinationsfunktion**: Die funktionalen Strategien dienen der Abstimmung innerhalb der Funktionsbereiche sowie der Harmonisierung der Entscheidungen der Funktionsbereiche im Hinblick auf die übergeordnete Geschäftsbereichsstrategie. Sie dienen als Schnittstelle zwischen Strategie und operativer Umsetzung.

6.2.3.3 Strategiebewertung und -auswahl

Nach der Entwicklung alternativer Strategien ist nun eine geeignete Strategie für das Unternehmen, den Geschäftsbereich bzw. die betrachtete betriebliche Funktion auszuwählen.

Day formulierte sogenannte „Tough Questions", die helfen sollen, die formulierten Strategien zu bewerten und auszuwählen [vgl. Day (1986), S. 60ff.]:

- Ermöglicht die Strategie den Aufbau eines nachhaltigen Wettbewerbsvorteils?

- Wie realistisch sind die zentralen Planannahmen?

- Ist die Umsetzbarkeit der Strategie sichergestellt in Bezug auf die notwendigen Fähigkeiten und Ressourcen?

- Ist die Strategie in sich konsistent (Intra-System-Fit)?

- Wie robust ist die Strategie gegenüber Risikofaktoren?

- Wie anpassungsfähig (flexibel) ist die Strategie?

- Führt die Strategie zu einer Erhöhung des ökonomischen Wertes der Unternehmung bzw. des Geschäftsbereichs?

In diesen Fragen kommen unterschiedliche Bewertungskriterien zum Ausdruck, die nachfolgend systematisiert werden sollen: Zum einen die quantitativen Kriterien (z.b. die Frage nach dem Strategiebeitrag zur Erhöhung des ökonomischen Wertes der Unternehmung), zum anderen die qualitativen Kriterien (z.b. die Fragen nach der internen Konsistenz, Ressourcenabdeckung und Machbarkeit der Strategie).

Bewertung auf Basis quantitativer Kriterien

Als Entscheidungskriterium werden hier häufig monetäre Ziele zugrunde gelegt (z.b. Shareholder Value, Return On Investment, Jahresüberschuss, Economic Value Added). Dabei werden Strategien wie langfristige Investitionen behandelt und diejenige ausgewählt, die den höchsten Kapitalwert oder die höchste Rendite erzielt. Voraussetzung für die Anwendung ist die Bestimmung monetärer Rückflüsse, die durch die Umsetzung der Strategie ausgelöst werden [vgl. Welge, Al-Laham (2003), S. 493]. Dabei treten erhebliche Probleme auf, da die Erfolgsfaktoren der Strategie lediglich Vorsteuergrößen in Bezug auf die zukünftigen Rückflüsse sind und sich deshalb nur schwer strukturieren und quantifizieren lassen. Eine Ursache dafür ist der lange Zeitraum, der für den Aufbau von Erfolgspotenzialen und die daraus zu erwartenden Rückflüsse benötigt wird [vgl. ebenda, S. 493]. Neben der Ermittlung der Zielbeiträge aus alternativen Strategien werden zur Auswahl auch die mit den Strategien verbundenen Risiken in Modellrechnungen (best-, worst case) aufgenommen.

Bewertung auf Basis qualitativer Kriterien

Qualitative Kriterien werden aus den strategischen Zielen abgeleitet. Zum einen soll mit ihrer Hilfe geprüft werden, ob die einzelnen Strategiealternativen überhaupt umsetzbar sind. Zum anderen ist sicher zu stellen, dass die Strategien untereinander widerspruchsfrei sind. Dazu sollen im Folgenden diese zwei Bewertungskriterien erläutert werden:

- **Realisierbarkeit der Strategie:** Mit dem Kriterium der Realisierbarkeit soll überprüft werden, ob die erforderlichen Voraussetzungen zur Strategieumsetzung überhaupt gegeben sind. Dazu muss in zwei Richtungen gesehen werden. Zum einen ist festzustellen, ob die erforderlichen Ressourcen in finanzieller, sachlicher und personeller Hinsicht verfügbar sind. Zum anderen muss die notwendige funktionale Befähigung vorhanden sein, d. h. reichen die vorhandenen Potenziale in den Funktionsbereichen aus. Das ist dann gegeben, wenn die vorhandenen Potenziale in den funktionalen Bereichen für die Strategieumsetzung ausreichen oder in der verfügbaren Zeit noch beschafft werden können [vgl. Welge, Al-Laham (2003), S. 496].

- **Strategische Konsistenz:** Ein weiteres Kriterium der qualitativen Strategiebewertung ist die Widerspruchsfreiheit (Konsistenz) der Strategien. Die strategischen Einzelmaßnahmen sollen möglichst gut zusammen passen (strategic fit). Dabei können drei Arten von Konsistenz unterschieden werden [vgl. Welge, Al-Laham (2003), S 495f.]:

- Intra-Strategie-Fit prüft, ob die einzelnen Elemente einer Strategie zusammen passen. Werden mit einer Strategie z.B. Aussagen zu Marketing und Personalbeschaffung gemacht, so ist die Stimmigkeit zwischen diesen beiden Komponenten zu prüfen.

- Strategie-System-Fit prüft die Übereinstimmung der Strategie mit normativen Vorgaben.

- Intra-System-Fit prüft, inwieweit die relevanten Komponenten im System untereinander stimmig sind, d.h. die Widerspruchsfreiheit der Elemente und Maßnahmen einer Strategie mit anderen Strategien wird geprüft.

Eine fehlende strategische Stimmigkeit führt zu Reibungsverlusten zwischen den nicht aufeinander abgestimmten Komponenten. Infolge dessen kommt es zu Ressourceninneffizienzen, die den Erfolg der Strategie nachteilig beeinflussen können. Umgekehrt begünstigt ein stimmiges Strategiekonzept die erfolgreiche Umsetzung. Wird eine fehlende strategische Stimmigkeit nicht korrigiert, droht das Scheitern der Strategieumsetzung. Folglich sind stimmige Strategiealternativen mit geringeren Zielbeiträgen den Strategiealternativen mit hohen Zielbeiträgen, aber einer fehlender Gesamtstimmigkeit, vorzuziehen [vgl. Welge, Al-Laham (2003), S. 494f.].

6.2.3.4 Instrumente und Methoden zur Bewertung

Zur Unterstützung der Bewertung von Strategiealternativen existieren zahlreiche Methoden. Sie können jedoch die subjektiven Einflüsse auf den Bewertungsprozess und somit auch auf dessen Ergebnisse nicht ausschließen. Mit den Bewertungsmethoden gilt es dem entgegenzuwirken und durch die Methodenunterstützung den Bewertungsprozess zu objektivieren, damit zumindest eine größere Transparenz und Nachvollziehbarkeit erreicht wird. Folgende Bewertungsmethoden lassen sich hier unterscheiden:

• Methode zur Dokumentation und Prüfung von Erfolgsfaktoren:
Methoden dieser Kategorie, wie Checklisten und Strategieprofile, nehmen eine isolierte Einzelbewertung von Erfolgsfaktoren vor. Die Checklisten beschränken sich auf die Aufstellung der Erfolgsfaktoren. Die Erfüllung der Erfolgsfaktoren ist anschließend für die Strategiealternativen zu überprüfen. Eine Verfeinerung der Checklisten-Methode stellen die Strategieprofile dar. Sie verhelfen zu einem detaillierten Bild von den zu bewertenden Strategiealternativen, da sie die Erfüllung der Anforderungskriterien auf einer Ordinalskala messen. Diese Skala kann bspw. von sehr gut bis sehr schlecht eingeteilt werden.

• Methode zur Berücksichtigung von Wirkungsrelationen:
Hier erfolgt eine Verknüpfung der isolierten Einzelbewertung von Erfolgsfaktoren zu einer umfassenden Gesamtaussage. Dabei werden die Wirkungsrelationen der Erfolgsfaktoren teilweise erfasst und dargestellt. Ein Beispiel für diese Methode ist die Nutzwertanalyse. Bei ihr werden die Strategiealternativen an Hand einer theoretischen Indexzahl bewertet, ohne dass ihre Erfolgspotenziale genau fassbar sind.

- Methoden zur Berücksichtigung von Wirkungsrelationen und Strategiefolgen:
  Methoden dieser Kategorie versuchen nicht nur die Wirkungsrelationen der Erfolgsfaktoren zu erfassen, sondern auch deren Auswirkungen auf den Strategieerfolg zu quantifizieren. Das bedeutet, dass für eine vergleichbare und anschauliche Bewertungsgrundlage die Erfolgspotenziale zu quantifizieren sind, z.b. mit investitionstheoretischen Methoden (Kapitalwertmethode, interner Zinsfuß, Kostenvergleichsmethode, etc.) oder mit Geschäftsfeld- oder Finanzsimulationsmodellen [vgl. Welge, Al-Laham (2003), S. 497ff.].

6.2.4 Strategieimplementierung

Die Strategieimplementierung befasst sich mit der Frage, wie der strategische Plan des Unternehmens, des Geschäftsbereichs oder des Funktionsbereichs in konkretes, strategiegeleitetes Handeln der Mitarbeiter umgesetzt werden kann [vgl. Kreikebaum (1997), S. 89]. Wurde bisher der Frage nachgegangen „Are we doing the right things?", so stellt sich nun die Frage „Are we doing the things right?" [vgl. Thompson, Stickland (1986), S. 25]. Viele Unternehmen investieren viel Aufwand in die Entwicklung von Strategien, versäumen es aber dann, diese effizient und effektiv zu implementieren. Die Implementierung einer Strategie umfasst neben der Konkretisierung und der Ausrichtung sämtlicher Erfolgsfaktoren auf die Strategie auch die Bewältigung von Verhaltensänderungen und die Vermittlung strategiebezogener Akzeptanz, also Umsetzung und Durchsetzung. Es sind daher bei der Strategieimplementierung zwei Aufgaben zu bewältigen, die

- sachorientierte Umsetzung und die

- verhaltensorientierte Durchsetzung [vgl. Welge, Al-Laham (2003), S. 532f.].

Für die (sachorientierte) Strategieimplementierung wird neben spezifischen Werkzeugen (z.B. Balanced Scorecard, Target Costing) die operative Planung und Kontrolle erforderlich. Hier werden aus den Strategien konkrete Einzelmaßnahmen und Projekte abgeleitet. Sie werden in unterschiedliche Planungshorizonte (lang-, mittel- und kurzfristig) eingeteilt. Durch die Operationalisierung der strategischen Programme werden sie zu Zielen der handelnden Führungskräfte und Mitarbeiter.

Mit der Durchsetzung der Maßnahmen steigen zugleich die Schwierigkeiten der Implementierung. Neue Strategien bedeuten Veränderung und führen häufig zu Verhaltenswiderständen. Die Hauptaufgabe der verhaltensorientierten Strategiedurchsetzung liegt denn auch in der

- Vermittlung der Strategie,

- Einweisung und Schulung,

- sowie der Erzeugung eines strategiebezogenen Konsenses [vgl. Kreikebaum (1997), S. 90].

 Instrumente der Implementierung sind z.B.:

- Balanced Scorecard
- Target Costing

6.2.5 Strategische Kontrolle

Die letzte Phase im strategischen Managementprozess ist die strategische Kontrolle. Deren Aktivitäten sind jedoch zeitlich nicht auf das Ende zu beschränken. Die strategische Kontrolle ist vielmehr eine prozessbegleitende Aufgabe, die bereits mit der ersten Entscheidung im Planungsprozess beginnt. Daran erkennt man, dass Planung und Kontrolle eng miteinander verbunden sind. Zum einen macht eine Planung ohne Kontrolle keinen Sinn, zum anderen sind viele Kontrollarten ohne festgelegte Plangrößen nicht realisierbar. Bevor wir jedoch zu den Kontrollarten kommen, wenden wir uns zunächst den Zielen und Aufgaben der strategischen Kontrolle zu.

6.2.5.1 Ziele und Aufgaben der strategischen Kontrolle

Grundsätzlich ist unter dem Begriff Kontrolle ein systematischer, kontinuierlicher und informationsverarbeitender Prozess zu verstehen, in dessen Verlauf ein Vergleich zwischen mindestens zwei Kontrollgrößen stattfindet. Die klassische Kontrolle dient als Feedback-Instrument und findet im Anschluss an den Planungs- und Realisationsprozess als reine Ergebniskontrolle statt. Dagegen zeichnet sich die strategische Kontrolle durch eine Feedforward-Orientierung aus, woraus sich bessere Steuerungsmöglichkeiten ergeben. Nach diesem Verständnis trägt die strategische Kontrolle zur Vorbereitung, Findung und Überprüfung von Entscheidungen bei, indem sie relevante Informationen für den Planungsprozess liefert. Folglich besteht die Aufgabe der Kontrolle darin, durch die Gestaltung und Durchführung geeigneter Kontrollprozesse, rechtzeitig Abweichungen von den verfolgten Zielen aufzuzeigen und Hinweise auf erforderliche Korrekturen oder Anpassungen zu geben. Der Kontrollbedarf resultiert dabei zum einen aus eventuellen Planungs- und Handlungsfehlern der beteiligten Personen und zum anderen aus der Unvollkommenheit der Informationen. Diese Fehler und die unvollkommenen bzw. unvollständigen Informationen basieren insbesondere auf Unsicherheiten sowie auf der in der Planung nicht vollständig erfassbaren Komplexität der Problemstellung. Zusätzlich steigt der Kontrollbedarf mit der Dynamik der Entwicklung, die sowohl im Unternehmen als auch in der Umwelt stattfinden. Durch die Veränderung der Rahmenbedingungen muss die Vorteilhaftigkeit der bestehenden bzw. zukünftigen Unternehmensstrategie ständig in Frage gestellt und durch kontinuierliche oder möglichst frühzeitige Kontrolle überprüft werden. Nur so können rechtzeitig Chancen und Risiken für das eigene Unternehmen erkannt und notwendige Änderungen der strategischen Richtung eingeleitet werden.

Bei all diesen Einsatzzwecken besteht das Ziel der Kontrolle darin, gemeinsam mit der Planung die Erreichung der angestrebten Unternehmensziele zu sichern [vgl. Götze, Mikus (1999), S. 287f.].

6.2.5.2 Kontrollarten

Strategische Kontrollen können in den verschiedenen Phasen des strategischen Managementprozesses eingesetzt werden. Je nach Kombination von Plan- und Vergleichsgröße werden folgende Kontrollarten unterschieden (s. Abb. 6-9):

Plangröße \ Vergleichsgröße	Soll	Wird	Ist
Soll	Soll-Soll-Vergleich (Zielkontrolle)	Soll-Wird-Vergleich (Plan-fortschritts- kontrolle)	Soll-Ist-Vergleich (Ergebnis-kontrolle)
Wird		Wird-Wird-Vergleich (Prognose-kontrolle)	Wird-Ist-Vergleich (Prämissen-kontrolle)

Abb. 6-9: Kontrollarten differenziert nach Plan- und Vergleichsgrößen-Kombinationen [Pfau (2001), S. 88]

- **Zielkontrolle** (Soll-Soll-Vergleich): Bei der Zielkontrolle findet ein Vergleich von Zielgrößen (Soll-Werte) auf inhaltlicher und zeitlicher Verträglichkeit statt. Kontrolliert wird im Rahmen der Realisierbarkeitsprüfung, ob bezüglich der Zielinhalte konfliktäre Zielbeziehungen bestehen. In zeitlicher Hinsicht erfolgt eine Überprüfung dahingehend, ob die angestrebten Ausprägungen einer Zielgröße zu verschiedenen Zeitpunkten miteinander harmonisieren. Werden im weiteren Verlauf der Planung durch Zielkontrollen Konflikte oder Abweichungen angezeigt, ist eine Anpassung der Ziele bzw. eine Verringerung der Zielansprüche erforderlich.

- **Prognosekontrolle** (Wird-Wird-Vergleich): Ähnlich der Zielkontrolle erfolgt bei der Prognosekontrolle eine Konsistenzprüfung verschiedener Prognosen, die zu einem bestimmten Zeitpunkt erstellt wurden (Wird-Werte). Dabei werden die prognostizierten Werte in Bezug auf ihre Verträglichkeit miteinander verglichen, beispielsweise bei der Erstellung von

Szenarien. Des weiteren werden die Prognosen für einen zukünftigen Zeitpunkt in ihrer Entwicklung betrachtet. Damit werden auch solche prognostizierten Werte ständig auf ihre aktuelle Gültigkeit hin überprüf, die bereits zu einem früheren Zeitpunkt abgegeben wurden.

- **Prämissenkontrolle** (Wird-Ist-Vergleich): Bei Prämissenkontrollen werden die bewusst getroffenen Annahmen zu den Entwicklungen in der Planung (Wird-Werte) den entsprechenden bereits realisierten Entwicklungen (Ist-Werte) zum Vergleich gegenübergestellt. Hier ist zu prüfen, ob die Ausgangsannahmen der Planung auch zum aktuellen Zeitpunkt noch Gültigkeit besitzen, oder ob diese auf Grund geänderter Rahmenbedingungen korrigiert werden müssen. Prämissenkontrollen sollten bereits parallel zum Planungsprozess durchgeführt werden. So können angestrebte Ziele bzw. Zielerwartungen frühzeitig revidiert werden, wenn eine Annahme nicht eintritt.

- **Planfortschrittskontrolle** (Soll-Wird-Vergleich): Die Entwicklung in den einzelnen Planabschnitten kann ermittelt werden durch die Gegenüberstellung und den Vergleich der angestrebten Zwischenziele mit den jeweils erreichten Zwischenergebnissen. Zum einen lassen sich daraus Schlussfolgerungen für die endgültige Zielerreichung ziehen. Zum anderen werden Abweichungen zwischen den angestrebten Zwischenzielen (Soll-Wert) und den prognostizierten Zielerreichungsgrad (Wird-Wert) frühzeitig sichtbar. Planfortschrittskontrollen werden im Verlauf der Strategieimplementierung durchgeführt um den Realisierungsfortschritt beurteilen und Anpassungen an veränderte Rahmenbedingungen vornehmen zu können. Das erleichtert die Umsetzung der Strategie und gibt gleichzeitig einen Hinweis auf die eventuelle Notwendigkeit einer Strategieänderung.

- **Ergebniskontrolle** (Soll-Ist-Vergleich): Die traditionelle Ergebniskontrolle vergleicht die geplanten Ausprägungen einer Zielgröße (Soll-Wert) mit dem realisierten Ergebnis der verfolgten Zielgröße (Ist-Wert). Ergebniskontrollen können

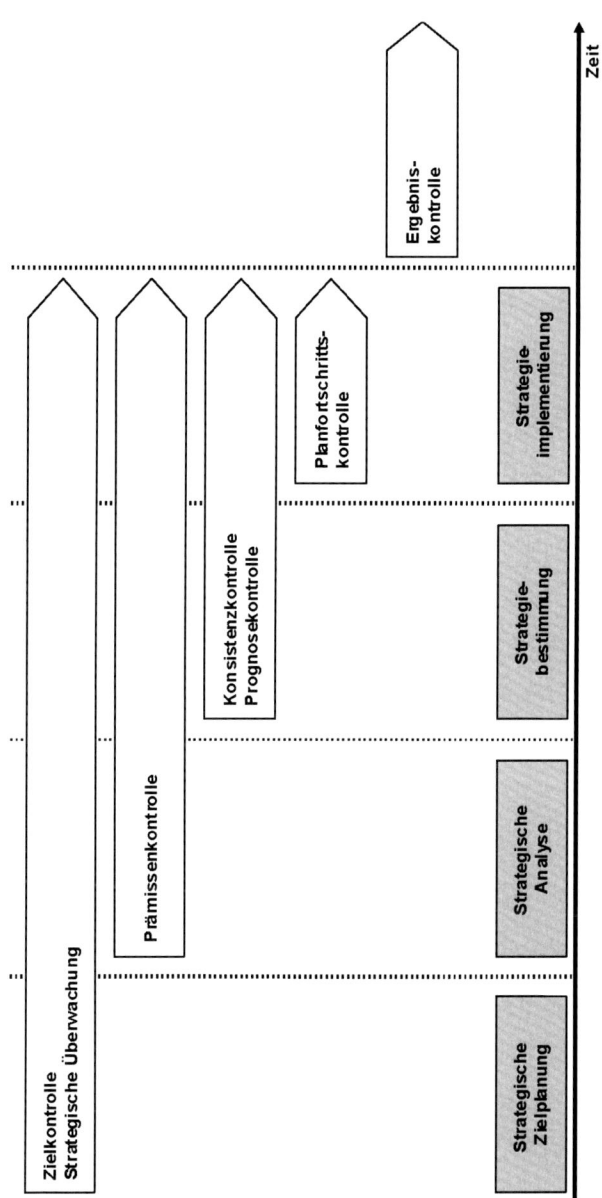

Abb. 6-10: Kontrollarten im Verlauf des strategischen Managementprozesses [Pfau (2001) , S. 90]

sich sowohl auf Teilabschnitte der Implementierung im Sinne einer Planfortschrittskontrolle beziehen als auch auf die Überprüfung der Zielerreichung am Ende des gesamten Prozesses. Für die Durchführung müssen in jedem Fall die Konsequenzen der Handlungen bekannt sein. Werden Abweichungen zwischen den angestrebten und den tatsächlich erzielten Werten festgestellt, ist eine Abweichungsanalyse durchzuführen. Die daraus gewonnenen Erkenntnisse können häufig nur noch zur Verbesserung zukünftiger Planungen verwendet werden, da die Planungszeiträume in Bezug auf die kontrollierten Größen meist schon abgelaufen sind und Anpassungsmaßnahmen kaum noch zu realisieren sind. Durch diesen starken Bezug zur Vergangenheit sind Ergebniskontrollen weniger für langfristige Planungen sondern viel mehr für kurzfristige Planungen geeignet.

- **Strategische Überwachung:** Die bereits beschriebenen Kontrollarten, die von klar abgegrenzten Kontrollobjekten ausgehen, bilden das strategische Entscheidungsfeld nicht vollständig ab. Sie müssen daher um eine globale, ungerichtete Kontrolle, wie die strategische Überwachung ergänzt werden. Diese Kontrollart basiert nicht auf einer Gegenüberstellung von Plan- und Vergleichsgrößen. Ihre Aufgabe besteht eher darin, auf schwache Signale zu achten. Sie geben Hinweise auf Chancen und Bedrohungen für die verfolgte strategische Orientierung des Unternehmens. Das ist nur mit einer kontinuierlichen, ungerichteten Beobachtung der Unternehmensumwelt und der relevanten Unternehmensbereiche realisierbar. Eine frühzeitige Auswertung der beobachteten Signale kann Hinweise auf notwendige Anpassungen der aktuellen Strategie oder einer strategischen Neuorientierung geben, durch die Wettbewerbsvorteile erzielt werden können [vgl. Götze, Mikus (1999), S. 288 ff.].

Während Ergebnis- und Planfortschrittskontrollen den Abschluss der Planung bzw. Teilplanung voraussetzen, können die anderen Kontrollarten bereits parallel zum Ablauf des strategischen Planungsprozesses erfolgen. Betrachtet man also diese verschiedenen Kontrollarten hinsichtlich ihrer Einsetzbarkeit in den Phasen, so ergibt sich das in Abbildung 6-10 dargestellte Bild [vgl. Pfau (2001), S. 90].

Instrumente der Kontrolle

sind z.B. Frühaufklärungs- bzw. Frühwarnsysteme

- 1. Generation: Orientierung an Kennzahlen und Hochrechnungen

- 2. Generation: Orientierung an Indikatoren

- 3. Generation: Orientierung an schwachen Signalen

6.3 Ausgewählte Instrumente des Strategieprozesses

In diesem Kapitel werden einige ausgewählte Instrumente des Strategieprozesses in alphabetischer Reihenfolge detaillierter dargestellt. Diese lassen sich meist den Phasen des strategischen Managements zuordnen.

6.3.1 Die Balanced Scorecard

Das Konzept der Balanced Scorecard wurde Anfang der neunziger Jahre von *Kaplan* und *Norton* entwickelt. Die Balanced Scorecard ist ein Führungsinstrument zur Strategiebeschreibung und -umsetzung, in dem materielle und immaterielle Vermögenswerte zu wertschaffenden Aktivitäten verbunden werden [vgl. Kaplan, Norton (2001), S. 61].

Perspektiven

Neben der traditionellen Betrachtungsweise des finanziellen Aspekts werden dabei drei weitere Perspektiven betrachtet: die Kundenperspektive, die Perspektive der internen Geschäftsprozesse sowie die Lern- und Entwicklungsperspektive [vgl. Kaplan, Norton (1997), S. 24ff.; Dillerup, Stoi (2011), S. 322f.] (s. Abb. 6-11):

Die **finanzielle Perspektive** wird geleitet von der Frage „Welche finanziellen Ziele müssen wir erreichen, wenn wir unsere Strategie erfolgreich umsetzen?" [vgl. Kaplan, Norton (1997), S. 9]. Finanzwirtschaftliche Ziele sind immer mit Rentabilität verbunden – dies wird zum Beispiel durch den Periodengewinn, die Kapitalrendite oder die Steigerung des Unternehmenswertes ausgedrückt [vgl. ebenda, S. 24]. Weitere finanzwirtschaftliche Ziele können schnelles Umsatzwachstum oder Cash-flow sein.

In der **Kundenperspektive** identifiziert das Management Kunden- und Marktsegmente, in denen das Unternehmen konkurrieren soll sowie Kennzahlen zur Leistung der Geschäftseinheit in diesen Marktsegmenten [vgl. Kaplan, Norton (1997), S. 24]. Die Maßgrößen beinhalten z.B. Kundenzufriedenheit, Kundentreue,

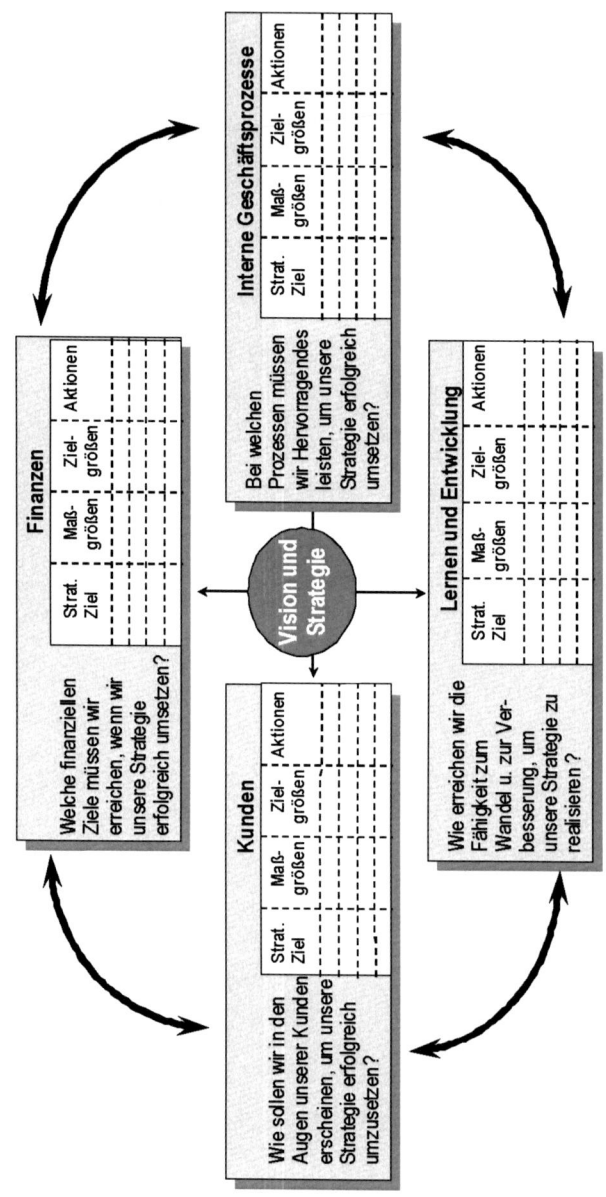

Abb. 6-11: Die vier Perspektiven der Balanced Scorecard
[vgl. Kaplan, Norton (1997), S. 9]

Kundenakquisition, Kundenrentabilität sowie Gewinn- und Marktanteile in den Zielsegmenten.

Bei der **internen Prozessperspektive** dreht es sich um die Frage „Bei welchen Prozessen müssen wir Hervorragendes leisten, um unsere Strategien erfolgreich umzusetzen?" [vgl. Kaplan, Norton (1997), S. 25f.]. *Kaplan* und *Norton* unterscheiden dabei in Innovations- und Produktionsprozesse. Die Kennzahlen der internen Perspektive konzentrieren sich auf diejenigen internen Prozesse,

die den größten Einfluss auf die Kundenzufriedenheit und die Unternehmenszielerreichung haben.

Die **Lern- und Entwicklungsperspektive** identifiziert die Infrastruktur, die das Unternehmen schaffen muss, um langfristig Wachstum und Verbesserung zu sichern [vgl. Kaplan, Norton (1997), S. 27]. Unternehmen müssen kontinuierlich in Weiterbildung, Informationstechnologien und Systeme investieren und mit ihren Prozessen in Einklang bringen. Diese Ziele werden bei der Lern- und Entwicklungsperspektive formuliert. Kennzahlen können z.B. Mitarbeiterzufriedenheit, Firmentreue, Training und Ausbildung sein.

Prozess der Strategieoperationalisierung

Die Operationalisierung einer Strategie erfolgt mit Hilfe der Balanced Scorecard in fünf Schritten. *Kaplan* und *Norton* bezeichnen dieses Vorgehen als „Translating Strategy into Action" [Kaplan, Norton (1996), S. 75ff.]. Die einzelnen Schritte sind [vgl. Dillerup, Stoi (2011), S. 323f.] (s. Abb. 6-30):

(1) Aufteilung in Perspektiven: Die Strategie wird in der Balanced Scorecard aus unterschiedlichen Perspektiven betrachtet. So wird rein finanzwirtschaftlich orientiertes Denken bei der Ableitung und Verfolgung von Zielen verhindert. Ableitung strategischer Zielsetzungen: Im zweiten Schritt werden für jede Perspektive strategische Ziele aus der Strategie abgeleitet. Nach *Kaplan* und *Norton* lassen sich Strategien nach verschiedenen Themen gliedern [vgl. Kaplan, Norton (2001), S. 72]. Jedes dieser strategische Themen stellt einen „Pfeiler" der Strategie dar (s. Abb. 6-12).

	Strategische Ziele	Kennzahlen Maßgrößen	Zielgrößen	Aktionen/ Maßnahmen
Finanz- perspektive				
Kunden- perspektive				
Interne Prozess- perspektive		Strategie- operationalisierung		
Lern- und Entwicklungs- perspektive				

Abb. 6-12: Strategieoperationalisierung in der Balanced Scorecard [Dillerup, Stoi (2011), S. 324]

– Aufbau der Marktmacht: Langfristige Wertschöpfung, Entwicklung neuer Produkte und Dienstleistungen, Durchdringung neuer Märkte und Kundensegmente.

– Steigerung des Kundennutzens: z.B. Erweiterung, Vertiefung, Neuformulierung bestehender Kundenbeziehungen.

– Erreichung operationaler Exzellenz: Kurzfristige Wertschöpfung durch internes Produktivitätsmanagement und Supply Chain Management, die dem Unternehmen eine effiziente, fehlerfreie und zeitnahe Produktion und Lieferung der Produkte und Dienstleistungen an den Kunden ermöglichen.

– Entwicklung zu einer gesellschaftlich verantwortungsvollen Organisation: Gestaltung der Beziehungen zu externen Stakeholdern, Beherrschung von Umweltrisiken und Sicherheitsaspekten.

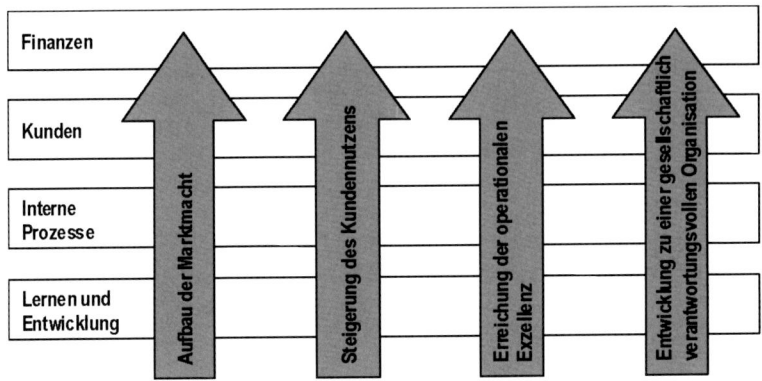

Abb. 6-13: Strategische Themen [Kaplan, Norton (2001), S. 72]

(3) Festlegung von Maßgrößen: Um die Erreichung der Ziele beurteilen zu können, sind diese messbar zu machen. Daher werden für alle Ziele finanzielle und nicht-finanzielle Maßgrößen bestimmt, mit denen das Maß der Zielerreichung quantifiziert werden kann.

(4) Festlegung von Zielgrößen: Dies kann auf zwei Arten erfolgen [vgl. Horváth & Partners (2000), S. 196]. Zum einen im Rahmen eines Workshops (interaktiv), zum anderen vorab vorbereitet. Zunächst sind in beiden Fällen die Ausgangswerte zu bestimmen. Daran anschließend werden die Zielgrößen festgelegt sowie der Zeitraum, in dem sie erreicht werden sollen, bestimmt. Durch den Vergleich von Soll- und Istwerten wird später im Rahmen der strategischen Kontrolle auf den Grad der Strategieumsetzung geschlossen.

(5) Aufstellung strategischer Maßnahmen/Aktionen: Aufbauend auf die abgeleitete Zielsetzung, der Maßgröße und der Zielgröße werden strategische Aktionen definiert. Jeder Maßnahme werden Termine, Ressourcen / Budgets sowie Verantwortliche zugewiesen. So werden Strategien letztlich Teil der operativen Planung.

Am Ende dieses Prozesses ist die Strategieoperationalisierung erfolgt. Nachfolgend ein Beispiel für die Operationalisierung einer Strategie (Abb. 6-14):

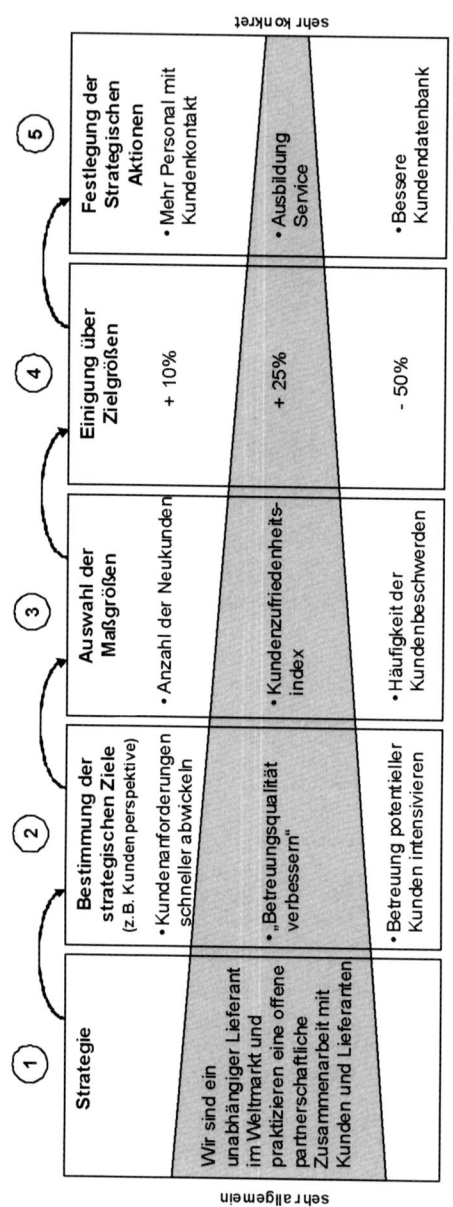

Abb. 6-14: Strategieoperationalisierung
[Horváth & Partners (2000), S. 50]

Konstitutives Element einer Balanced Scorecard ist die Strategy Map. Durch die darin dargestellten Ursache-Wirkungs-Zusammenhänge wird die Unternehmensstrategie mit der Kundensicht, diese mit der Prozessperspektive und die wiederum mit Maßnahmen auf Mitarbeiterebene verbunden. Die Logik der Abhängigkeiten führt also fast automatisch durch alle vier Perspektiven [vgl. Dillerup, Stoi (2011), S. 327f.; Bea, Haas (2005), S. 203)], wie z.B.:

„Um ein besseres finanzielles Ergebnis zu erzielen, müssen mehr Premiumkunden angesprochen werden, die wiederum einen ausgefeilten Betreuungsprozess erwarten, der nur durch gut geschulte Mitarbeiter sichergestellt werden kann."

Strategy Maps als wichtigstes Instrument der Balanced Scorecard ermöglichen es Unternehmen, so ihre festgelegten Strategien auf integrative und systematische Weise darzustellen. Darüber hinaus liefern sie dem Management die Basis zur schnellen und effektiven Implementierung der Strategie [vgl. Kaplan, Norton (2001), S. 66].

Ist die Strategy Map richtig ausgestaltet, so stellt sie eine geschlossene und logische Beschreibung zur Umsetzung der Strategie dar. Abbildung 6-15 zeigt eine allgemeine Vorlage zur Gestaltung einer Strategy Map.

Die Wachstumsziele der Finanzperspektive werden durch den Aufbau der Marktmacht und die Steigerung des Kundennutzens berücksichtigt. Die Kundenperspektive erklärt, wie Wachstum geschaffen werden kann. Das Wertangebot beschreibt den Wettbewerb um neue Kunden und die Strategie zur Erhöhung des Wachstums bei bereits bestehenden Kunden. Die interne Prozessperspektive bestimmt die Geschäftsprozesse und konkreten Aktivitäten, die das Unternehmen beherrschen muss, um das Wertangebot für den Kunden auszubauen. Und die Lern- und Entwicklungsperspektive zeigt schließlich, wie die Kompetenzen, das Wissen, die Technologie und das Betriebsklima beschaffen sein müssen, um die priorisierten Prozesse und Aktivitäten unterstützen zu können [vgl. Kaplan, Norton (2001), S. 87].

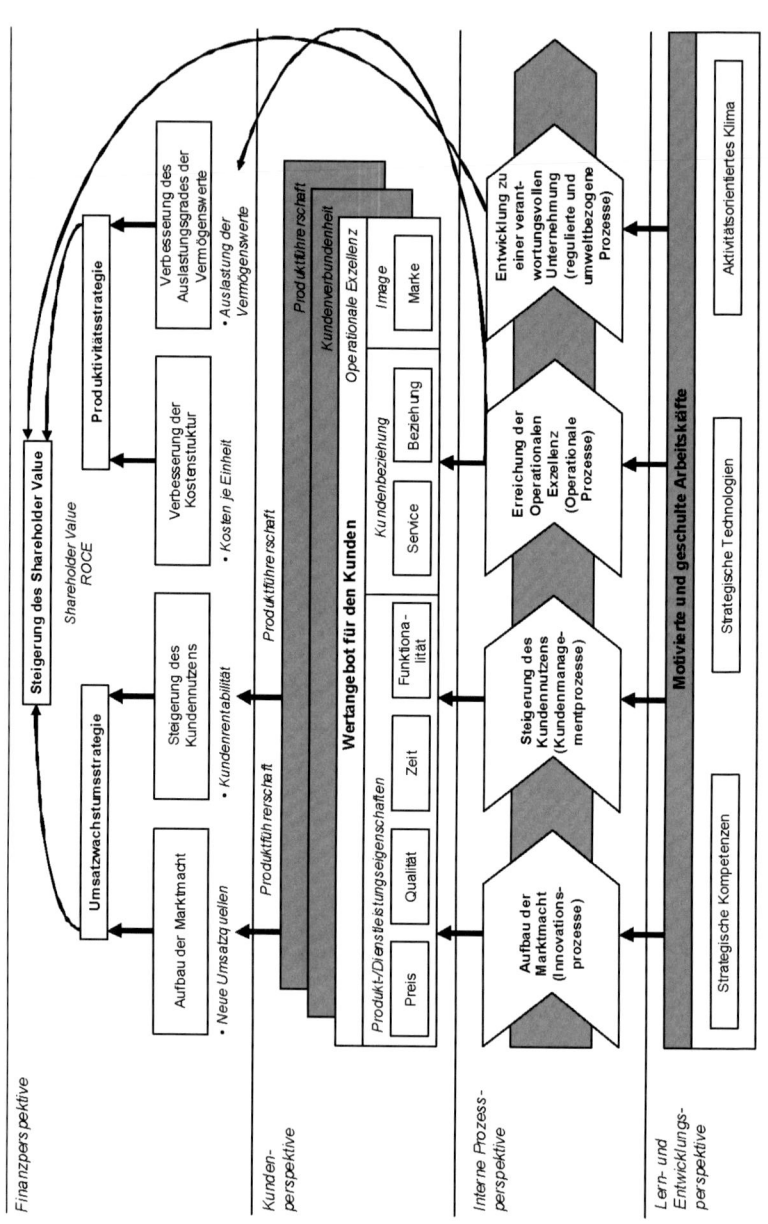

Abb. 6-15: Die Beschreibung der Strategie – die Balanced Scorecard Strategy Map [Kaplan, Norton (2001), S. 88]

6.3.2 Das Benchmarking

Benchmarking „(…) is the search for industry best practices that lead to superior performance.", so formuliert der Urvater des Benchmarking *Camp* [(1989), S 10]. Es wurde in den USA vor allem durch den Kopiergerätehersteller Rank Xerox im Rahmen des Projektes „Leadership through Quality" entwickelt. Dieser überwand bereits in den 80er Jahren seine gegenüber Canon bestehenden Nachteile im Logistikbereich dadurch, dass er sich auf der Suche nach Verbesserungen an dem Distributionssystem des kleinen amerikanischen Textilhauses L.L. Bean orientiert hat. Neu war an diesem Vorgehen, dass Rank Xerox sich an einem in dem zu analysierenden Bereich – der Logistik – besten Unternehmen orientierte, obwohl dies nicht in der eigenen Branche tätig war. Dies ist denn auch ein konstitutives Merkmal des Benchmarking: die in dem zu analysierenden Bereich besten Unternehmen oder Bereiche werden als Ziel- oder Orientierungsgröße herangezogen.

Abb. 6-16: Definition Benchmarking nach Spendolini (1992)

Das Verständnis über Benchmarking ist jedoch nicht einheitlich. Auf *Spendolini* geht der Versuch zurück aus den in der Praxis anzutreffenden Lösungen eine allgemein gültige Definition (s. Abb. 6-18) abzuleiten [Spendolini (1992)] und die unterschiedlichen Anwendungsformen zu klassifizieren (s. Abb. 6-17).

Typ	Definition	Beispiele	Vorteile	Nachteile
Intern	■ gleiche/ähnliche Aktivitäten an versch. Orten in versch. Werken, Ländern	■ US Werke gegenüber Fuji, Xerox-Verfahren ■ Marketingstrategien der Divisionen (Kopierer gegen Workstations)	■ Daten meist einfach zu erheben ■ gute Resultate für "exzellente", diversifizierte Unternehmen	■ eingeschränkte Sichtweise ■ interne Verzerrungen
Branchenweit	■ direkte Konkurrenten, die die gleiche Kundenzielgruppen ansprechen	■ Canon ■ Ricoh ■ Kodak ■ Sharp	■ Informationen sind relevant für den Geschäftserfolg ■ Vergleichbare Verfahren/Technologien	■ Schwierigkeit der Datenerhebung ■ ethische Gesichtspunkte ■ antagonistische Einstellungen
Funktional (abgeleitet)	■ Organisation, die bekannt ist für neueste State-of-the-Art Produkte, Serviceleistungen, Prozesse	■ Lagerhaltung (L.L.Bean) ■ Spezialservice im Paketdienst (Federal Express) ■ Kundenservice (American Express)	■ gute Möglichkeiten, innovative Verfahren zu entdecken ■ Entwicklung von beruflichen Networks ■ Zugang zu wichtigen Datenbanken ■ motivierende Resultate	■ Schwierigkeit der Übertragung von Prozessen in andere Rahmenbedingungen ■ zeitaufwendig

Abb. 6-17: Benchmarkingbereiche [Spendolini (1992)]

Zwei Überlegungen liegen dem Konzept zugrunde [vgl. Macharzina, Wolf (2008), S. 330]: Es gibt kein Unternehmen, das in allen Unternehmensbereichen Spitzenleistungen erbringt. Benchmarkingbereiche können also alle Unternehmensbereiche sein oder sogar branchenweit stattfinden. Zweitens ist es ineffizient, bereits (woanders) bestehend Leistungen, Methoden und Prozesse immer wieder neu zu erfinden. Dementsprechend ist das Motto des Benchmarking, dass „es besser ist, eine Sache gut abzugucken, als diese in schlechter Weise selbst zu erfinden." [Tödtmann (1993), S. 42]. Die Suche nach besseren Vorbildern ist dabei abhängig vom angestrebten Leistungsniveau (s. Abb. 6-18).

Die Beschaffung der Daten ist für die Anwendung des Benchmarking eine unterschiedlich schwierige Aufgabe. Während interne Vergleiche leicht durchzuführen sind wird die Informationsbeschaffung bei Wettbewerbern schwieriger. Hier helfen Verbände durch gemeinsame (neutralisierte) Statistiken oder Hochschulen, Forschungseinrichtungen und Unternehmensberatungen durch unabhängige Studien.

Eine der bekanntesten Branchenstudien ist von *Womack, Jones & Roos* „The machine that changed the world: the story of lean

Abb. 6-18: Vergleichsmaßstäbe im Benchmarking

production". Diese war wegweisend für eine Vielzahl an Projekten in der europäischen Automobilindustrie in den 90er Jahren. Unternehmen die als Best Practice identifiziert wurden erleben einen wahren Ansturm an interessierten Forschern und Unternehmen. Um bei diesen Unternehmen Einlass zu bekommen ist es hilfreich, in einigen Bereichen vielleicht erst selbst besser zu sein als das Best Practice Unternehmen. Einblicke in die Produktionssteuerung können dann z.B. durch Einblicke in das Controlling ermöglicht werden.

Einen sehr guten Überblick zu den bei der Planung eines Benchmarking-Projektes zu treffenden Auswahlentscheidungen liefert der morphologische Kasten von *Brokemper* [Brokemper (1998)]. Benchmarking ist offenkundig mehr als das Gegenüberstellen von Zahlen. Die Objekte des Benchmarking können dabei unter zwei grundlegend unterschiedlichen Fragestellungen gewählt werden:

- Effektivität: Machen wir die richtigen Dinge? Hier werden Konzepte, Herangehensweisen und Strategien grundlegend hinterfragt.

- Effizienz: Machen wir die Dinge richtig? Das Augenmerk ist auf die Ausführung von Prozessen gerichtet.

Beide Betrachtungen in einem Projekt zu bearbeiten ist nicht sinnvoll, da es sich hierbei nicht nur um wesentlich andere Fragestellungen sondern daraus folgend auch um unterschiedliche Herangehensweisen handelt.

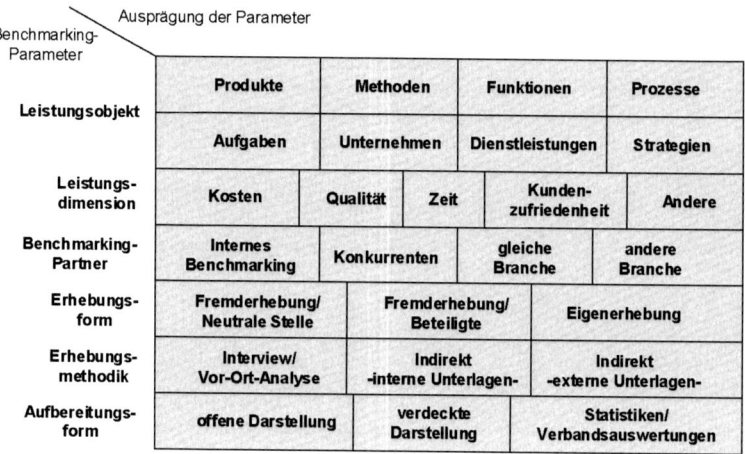

Benchmarking-Parameter / Ausprägung der Parameter			
Leistungsobjekt	Produkte	Methoden	Funktionen	Prozesse
	Aufgaben	Unternehmen	Dienstleistungen	Strategien
Leistungsdimension	Kosten	Qualität	Zeit	Kundenzufriedenheit	Andere
Benchmarking-Partner	Internes Benchmarking	Konkurrenten	gleiche Branche	andere Branche
Erhebungsform	Fremderhebung/ Neutrale Stelle	Fremderhebung/ Beteiligte	Eigenerhebung
Erhebungsmethodik	Interview/ Vor-Ort-Analyse	Indirekt -interne Unterlagen-	Indirekt -externe Unterlagen-
Aufbereitungsform	offene Darstellung	verdeckte Darstellung	Statistiken/ Verbandsauswertungen

Abb. 6-19: Ausprägungen des Benchmarking
[Brokemper (1998)]

6.3.3 Die Branchenstrukturanalyse

Aufbauend auf den Erkenntnissen der Industrieökonomie entwickelte *Porter* ein Modell zur Analyse einer Branchenstruktur. Der Grundgedanke ist, dass sich die Attraktivität einer Branche vor allem durch die Branchenstruktur bestimmt. Die Branchenstruktur wiederum beeinflusst das strategische Verhalten der Unternehmen, d. h. ihre Wettbewerbsstrategie, welche wiederum ihren Markterfolg bestimmt. So ist der Erfolg einer Unternehmung also zumindest indirekt von der Branchenstruktur abhängig.

„*Porter* unterscheidet fünf Wettbewerbskräfte, die Einfluss auf die Rentabilität einer Branche und damit auf die Marktattraktivität nehmen" [Bea, Haas (2005), S. 99]. Dieses Fünf-Kräfte-Modell („Five-Forces") beinhaltet [vgl. Hungenberg (2008), S. 103ff., s. Abb. 6-20]:

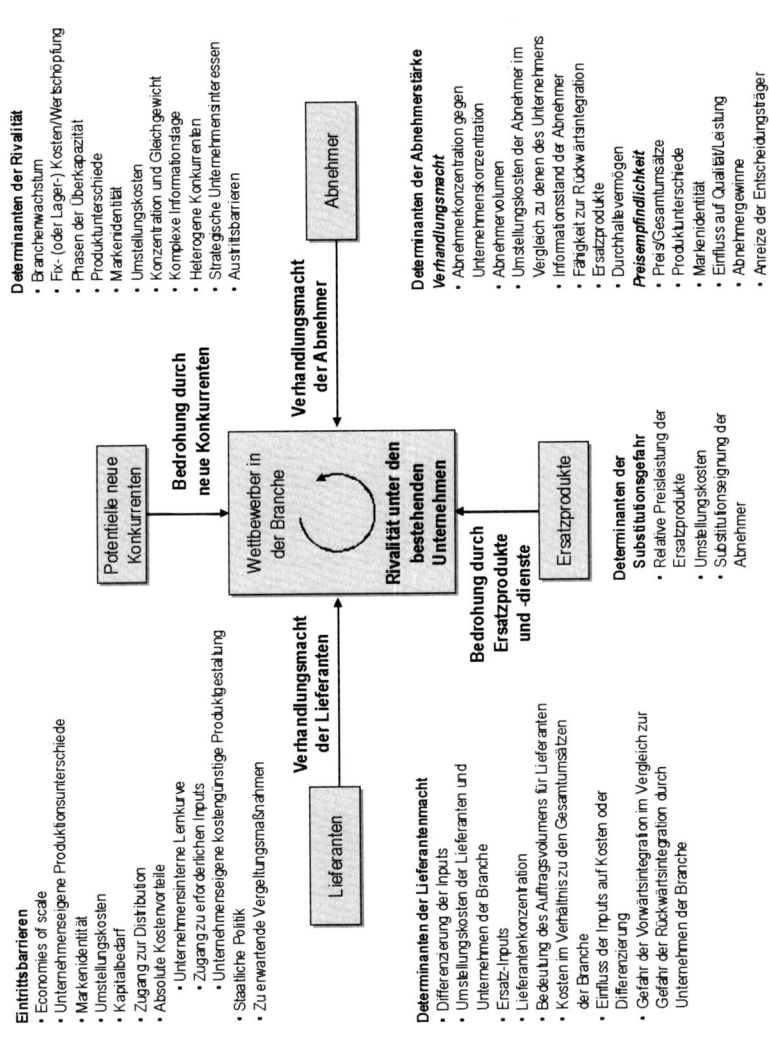

Abb. 6-20: Triebkräfte des Branchenwettbewerbs
[Welge, Al-Laham (2003), S. 198]

Rivalität unter den bestehenden Wettbewerbern: Der Wettbewerb in einer Branche kann unterschiedlich ausgeprägt sein, als Preiswettbewerb (die Konkurrenten versuchen wechselseitig ihre Preise zu unterbieten, Bsp. Discounter) oder als Leistungswettbewerb (durch verbesserte Zusatzleitungen oder verbesserte Produktqualität sollen Kunden hinzu gewonnen werden, Bsp. Smart Phones).

In beiden Fällen senkt der intensive Wettbewerb das Gewinnpotenzial der Unternehmen der Branche. Je geringer die Rivalität in einer Branche ist, desto attraktiver ist sie daher für einen Anbieter. Der Grad der Rivalität ist abhängig von der Zahl der Wettbewerber. So führt eine steigende Zahl an Wettbewerbern zu höherer Wettbewerbsintensität. Der reifegrad einer Branche spielt für die Rivalität weniger eine Rolle, als die strategischen Ziele und Verhaltensweisen der Wettbewerber. Als weitere Faktoren (s. Abb. 6-20) sind beispielhaft die Austrittsbarrieren (je höher desto höhere Rivalität) und die Produktdifferenzierung (je einzigartiger ein Produkt, desto weniger Rivalität bekommt ein Unternehmen zu spüren.

Bedrohung durch potenzielle Konkurrenz (Eintrittsbarrieren): Das Eintreten potenzieller, neuer Konkurrenten in einen Markt führt im Allgemeinen dazu, dass sich die Kapazitäten in der Branche erhöhen und das Preisniveau sinkt. In der Folge sinkt die Profitabilität der bereits in der Branche tätigen Unternehmen und damit die Attraktivität der Branche. Damit ist eine Branche umso attraktiver, je höher die Markteintrittsbarrieren (z.B. durch Skalen- oder Größendegressionseffekte) sind. Eintrittsbarrieren können auch durch Produktdifferenzierungen aufgebaut werden. Dann müsste ein neuer Konkurrent die bestehenden Kundenbindungen an die bereits differenziert anbietenden Unternehmen erst aufbrechen. Dies ist meist mit hohen Investitionen in Werbung und Verkaufsförderung verbunden. Ein hoher Investitionsbedarf in Werbung und Verkaufsförderung, aber auch F&E, Produktionsmittel sowie Infrastruktur erhöht das Risiko eines Markteintritts für das hinzukommende Unternehmen. Erschwerend für den Markteintritt wirken auch staatliche Reglementierungen (z.B. Zulassungsverfahren) und Subventionen.

Marktmacht der Lieferanten: Die Marktmacht der Lieferanten kann sich beispielsweise darin äußern, dass diese hohe Preise durchsetzen können. Damit verschlechtert sich das Ergebnis der Unternehmen in der betroffenen Branche. Eine Branche ist daher umso attraktiver, je geringer die Marktmacht der Lieferanten ist.

Deren Marktmacht hängt besonders davon ab, wie einzigartig und differenziert die Vorprodukte der Lieferanten sind, wie austauschbar ein Lieferant ist (je geringer die Zahl der potenziellen Lieferanten, desto größer ihre Macht). Umgekehrt ist es z.b. in der Automobilindustrie so, dass die Unternehmen dort häufig einen sehr großen Anteil am Umsatz eines Lieferanten haben, oft sogar der einzige Kunde sind und damit drohen können, im Zweifelsfall ein Vorprodukt zukünftig auf andere Wettbewerber zu verlagern. Dies reduziert die Macht der Lieferanten deutlich.

Marktmacht der Abnehmer: Sie äußert sich dadurch, dass die Kunden niedrige Preise durchsetzen oder eine höhere Qualität oder besseren Service verlangen können. Beides wirkt sich negativ auf das Ergebnis der Anbieter einer Branche aus. Eine Branche ist aus Sicht der Anbieter daher umso attraktiver je geringer die Marktmacht der Kunden ist. Ein hoher Informationsstand der Kunden und ein großes Abnahmevolumen erhöhen ihre Macht. Ein hoher Grad an Differenzierung der angebotenen Produkte und damit ein nur mit großem Aufwand durchführbarer Wechsel zu anderen Anbietern, verringert ihre Marktmacht.

Bedrohung durch Ersatzprodukte: Dies sind Produkte die prinzipiell geeignet sind, ähnliche Kundenbedürfnisse zu erfüllen wie die bereits in einer Branche angebotenen Produkte. Sie wenden sich aber (noch) an andere Kundengruppen oder werden in anderen Regionen angeboten. Potenziell können die Kunden einer Branche aber auf diese Produkte ausweichen (z.B. Navigation per Smart Phone). Eine Branche ist daher umso attraktiver, je geringer die Bedrohung durch Ersatzprodukte ist. Wie hoch die Bedrohung ist hängt vom Preis-/Leistungsverhältnis, den Einstellungen der Abnehmer zu diesen Produkten, dem technischen Fortschritt und den Umstellungskosten ab.

Je stärker die Bedrohung durch diese fünf Wettbewerbskräfte ist, desto unattraktiver ist die betrachtete Branche und desto schwieriger ist es, einen nachhaltigen Wettbewerbsvorteil zu erzielen.

Unternehmen sollten daher versuchen, in einer Branche mit attraktiver Branchenstruktur tätig zu sein und eine verteidigungsfähige Position in ihrer Branche aufzubauen, also eine Position in der die fünf Wettbewerbskräfte eine möglichst wenig bedrohliche

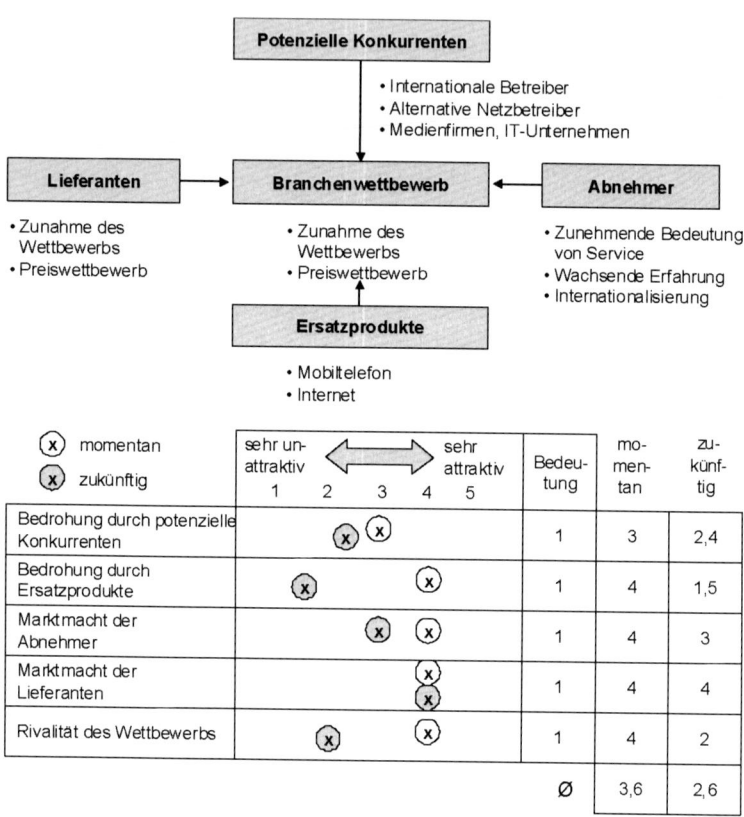

Abb. 6-21: Wettbewerb in der Telekommunikationsbranche
[Hungenberg (2008), S. 109]

Ausprägung aufweisen. Unternehmen können zudem auf die fünf Kräfte mit Hilfe entsprechender strategischer Ausrichtung einwirken. Dies kann die Attraktivität einer Branche erhöhen. Wenn jedoch Unternehmen die Verteilung der Wettbewerbskräfte zum Vorteil der eigenen Wettbewerbsposition beeinflussen ohne sich über die langfristigen Auswirkungen im Klaren zu sein oder diese bewusst in Kauf nehmen, kann dies Struktur und Rentabilität einer Branche ebenso zerstören. Mit dem Five-Forces-Modell von *Porter* können die komplexen Beziehungen in einer Branche strukturiert untersucht und bewertet werden. Die Bewertung kann beispielsweise mit Hilfe einer Nutzwertanalyse zusammengefasst werden. Bei der Nutzwertanalyse werden auf Basis (subjektiver)

Einschätzungen der verschiedenen Faktoren Punktwerte für die Ausprägungen der einzelnen Wettbewerbskräfte vergeben. In Abbildung 6-21 wird dies an einem Beispiel aus der Telekommunikationsindustrie gezeigt [vgl. Hungenberg (2008), S. 108f.].

In Abhängigkeit der Branchenstruktur nach der Analyse der Five Forces kann das Unternehmen dann die Entscheidung für eine von drei grundlegenden Wettbewerbsstrategien treffen (s. Kapitel 6.2.3.2).

6.3.4 Die Gap-Analyse

Die Gap-Analyse basiert auf der Idee, dass zwischen den gesetzten Zielen der Planung und der Prognose der Zielerreichung unter Beibehaltung der bisherigen Aktivitäten aufgrund von Veränderungen bei den Kundenanforderungen und aus dem Wettbewerbsverhalten eine immer größer werdende Lücke (Gap) entstehen wird [vgl. Horváth (2009), S. 334].

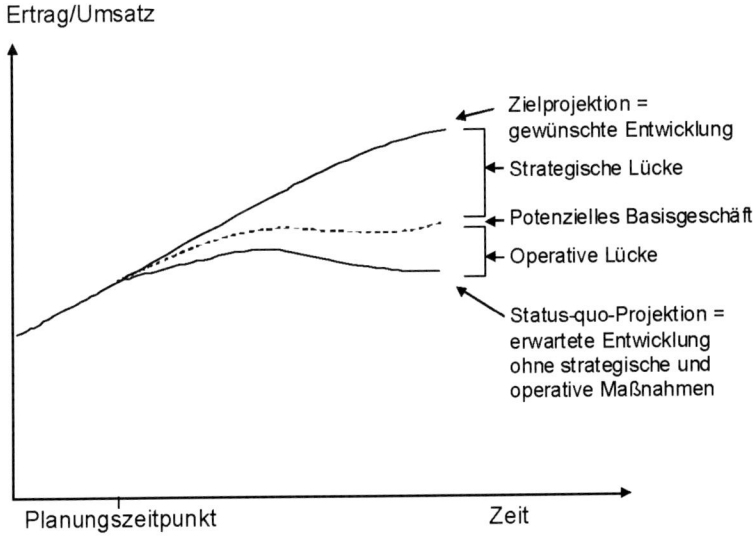

Abb. 6-22: Strategische und operative Lücke
[vgl. Bea, Haas (2005), S. 167]

Mit der Identifikation dieser Lücke sollen Anhaltspunkte ermittelt werden, inwieweit Unternehmen zum Analysezeitpunkt bereits vorgesorgt haben, dass ihre zukünftig gewünschte Entwicklung realisiert werden kann [vgl. Macharzina, Wolf (2005), S. 321].

Bei der Gap-Analyse werden zwei Zukunftsprojektionen miteinander verglichen: eine Prognose von Soll-Größen (Zielprojektion), abgeleitet aus quantifizierbaren Unternehmenszielen (Gewinn, Umsatz) sowie eine Prognose der tatsächlich zu erwartenden Entwicklung dieser Größen unter der Annahme, dass keine neuen Unternehmensaktivitäten – strategische und operative Maßnahmen – angestoßen werden. Diese Status-quo-Projektion (Hochrechnung) wird üblicherweise über Extrapolation von Erfahrungswerten, z.B. über die Umsatzentwicklung aus den Produktlebenszyklen, gewonnen. Erfüllen die betrachteten Größen zu den betrachteten Zukunftszeitpunkten nicht die erwarteten Gewinn und/oder Umsatzerwartungen, muss von einer strategischen Lücke ausgegangen werden. Bereits vorhandene oder schon weit fortgeschrittene Projekte mit einem hohen Zielbeitrag zur Erreichung der gewünschten Entwicklung bilden die operative Lücke zwischen Status-quo-Projektion und dem potenziellen Basisgeschäft.

Zur Schließung der operativen Lücke können beispielsweise Werbemaßnahmen, Product-Face-Lifts, neue Preismodelle gezählt werden. Zur Schließung der strategischen Lücke muss über Wachstumsstrategien oder bestehende und neue Produkte in bestehenden und neuen Märkten nachgedacht werden.

6.3.5 Die Konkurrenzanalyse

Absatzsteigerungen können zu einem großen Teil nur auf Kosten des Marktanteils der Konkurrenten erreicht werden. Die Analyse von Konkurrenten zielt darauf ab, das voraussichtlich von einem Konkurrenten zu erwartende Wettbewerberverhalten zu bestimmen. Mindestens fünf Dinge müssen Unternehmen über ihre Konkurrenten wissen [vgl. Kotler, Bliemel (1992), S. 331; Hungenberg (2008), S. 128ff.]:

!!! Definition

Konkurrenten sind die Unternehmen, die solche Leistungen anbieten, die zur Befriedigung der gleichen Kundenbedürfnisse dienen, wie die Produkte des eigenen Unternehmens [Hungenberg (2008), S. 129].
Die Konkurrenzanalyse beschäftigt sich mit der systematischen Sammlung, Verdichtung, Auswertung und Interpretation von Informationen über die derzeitige und zukünftige Situation der Wettbewerber [vgl. Zentes, Swoboda (2001), S. 587; zitiert nach Dillerup, Stoi (2011), S. 206].

Wer sind die Konkurrenten?
Zur Identifizierung der Konkurrenten aus Sicht der Branche ist die Branchenanalyse ein hilfreiches Instrument [vgl. Kotler, Bliemel (1992), S. 332ff.; s. Kap. 5.5.3]. Aber nicht nur Unternehmen, die das gleiche Produkt herstellen, auch Unternehmen, die dasselbe Kundenbedürfnis zufriedenstellen oder dieselbe Kundengruppe erreichen wollen, sind Wettbewerber.

Was sind ihre Strategien?
Am härtesten ist die Konkurrenz zwischen Unternehmen, die die gleiche Strategie verfolgen (z.B. sehr guter Service, hoher Preis und schmales Sortiment). Es ist z.B. die Aufgabe dieses Fragenkomplexes zu ermitteln

* Welche Qualität die Leistungen haben.

* Welche Absatzwege genutzt werden.

- Preise, Rabatte und Lieferbedingungen.

- Welches Image angestrebt wird.

Aber auch zwischen Unternehmen mit unterschiedlichen Strategien gibt es Rivalitäten, z.B. wenn sich Vertriebswege oder Kundengruppen. überschneiden.

Was sind ihre Ziele?
Kennt man die Ziele seiner Konkurrenten, bspw. Marktanteilsausdehnung, Cash-flow, Technologieführerschaft, kann das Unternehmen abschätzen, wie der Konkurrent auf Angriffe der Wettbewerber reagieren würde.

Wo liegen ihre Stärken und Schwächen?
Ob die Konkurrenten ihre Strategien umsetzen und ihre Ziele erreichen können, hängt von ihren Fähigkeiten und Ressourcen ab. Daher muss das Unternehmen die Stärken und Schwächen der Konkurrenten möglichst genau aufdecken.

	Unternehmensintern	Unternehmensextern
Primär-quellen	• Außendienstinformationen • Technische Analyse von Konkurrenzprodukten • Marktforschungsstudien • Interne Expertenurteile	• Tagungen, Messen, Kongresse • Gemeinsame Kunden und Lieferanten • Simulierte Kundenfragen • Konkurrenzmitarbeiter • Abwerben von Konkurrenzmitarbeitern • Branchenverbände, Kammern • Analyse früherer Konkurrenzaktionen
Sekundär-quellen	• Daten der Kunden • Verkaufsstatistiken • Branchenstudien einzelner Abteilungen	• Presseartikel • Geschäftsberichte, Jahresabschluss • Produktbroschüren und Homepage • Patentveröffentlichungen

Abb. 6-23: Informationsquellen
[vgl. Backhaus, Voeth (2007), S. 209]

Was ist ihr Reaktionsprofil?

Kennt man die Stärken und Schwächen der Konkurrenten, kann bereits viel über sein zu erwartendes Verhalten am Markt und seine Reaktionen auf Schritte eines anderen Unternehmens (z.B. Preissenkungen, intensive Verkaufsförderung, Einführung eines neuen Produktes) ausgesagt werden. Das Verhalten des Konkurrenten wird aber auch durch dessen eigene Unternehmensphilosophie, Unternehmenskultur und Leitbilder bestimmt. Diese sollte ein Unternehmen kennen. Dann kann es hoffen, dass die Erwartungen über das Verhalten und die Reaktionen des Konkurrenten eintreffen. Zur Beschaffung der benötigten Informationen können die verschiedensten Quellen herangezogen werden. Abbildung 6-23 gibt hierzu einen Überblick.

Ein weiterer, weit verbreiteter Ansatz der Konkurrenzanalyse ist das Benchmarking.

6.3.6 Die Portfolio-Technik

Der Begriff Portfolio stammt aus dem italienischen Wort porta-foglio und bezeichnet den Wertpapier- oder Wechselbestand einer Bank. Unter einem Portefeuille versteht man eine Kombination von Wertpapieren (Aktien, Investmentzertifikate, Renten), die von der erwarteten Rendite, dem voraussichtlichen Risiko und /oder der Aussicht auf Kursgewinne bestimmt wird. [Hinterhuber (2004), S. 127]. Ziel der Portfoliobetrachtung ist es, die Wertpapiere in einem Portfolio so zusammen zu stellen, dass für eine gegebene Höhe des Risikos die erwartete Rendite aus dem Portfolio maximiert oder für eine gegebene Rendite das Risiko aus dem Portfolio minimiert wird [Hungenberg (2008), S. 470]. Dieser Grundgedanke wird auf die Situation eines Unternehmens mit mehreren Geschäftsfeldern übertragen. Die einzelnen Geschäftsfelder stellen dann die Anlagemöglichkeiten dar, die es hinsichtlich unterschiedlicher Kriterien zu beurteilen gilt, um eine aus Sicht des Anlegers optimale Zusammenstellung zu erreichen. Voraussetzung für die Portfolioplanung ist, dass eine Geschäftsfeldsegmentierung erfolgt ist [vgl. ebenda, S. 469].

!!! Definition

Der Begriff Geschäftsfeld kennzeichnet eine Planungseinheit, für die eigenständige strategische Überlegungen angestellt werden müssen. Damit sich diese auch im Handeln des Unternehmens wiederfinden, werden Geschäftsfelder durch bestimmt Organisationsbereiche repräsentiert (z.B. Unternehmensbereiche, Divisions). Ausgehend vom Begriff des Geschäftsfeldes gibt es drei Perspektiven für die Geschäftsfeldsegmentierung:

- Geschäftsfeldsegmentierung auf der Grundlage der Marktaufgabe (Kunden, Produkte, Konkurrenten)
- Geschäftsfeldsegmentierung auf der Grundlage der eingesetzten Ressourcen,
- Geschäftsfeldsegmentierung auf der Grundlage der bedienten Regionen [vgl. Hungenberg (2008), S. 463f.].

Durch die Einteilung in Geschäftsfelder wurde das Unternehmen gedanklich in einzelne Teile segmentiert, die weitestgehend unabhängig voneinander in ihren jeweiligen Märkten operieren. Aufgabe der Portfolioplanung ist es, trotz der gedanklichen Aufspaltung, eine geschäftsfeldübergreifende, aus der Gesamtsicht heraus entwickelte Ausrichtung des Unternehmens zu ermöglichen [Hungenberg (2008), S. 469]. Das Instrument hierfür ist die Portfolioanalyse. Die Portfolio-Analyse ist sehr gut geeignet, die gegenwärtige Situation eines Unternehmens aufzuzeigen und Strategien für die zukünftige Positionierung von Geschäftsfeldern zu ermitteln.

!!! Definition

„In einem Portfolio wird eine strategische Situation in zwei Dimensionen dargestellt, bewertet und aus der Positionierung der Betrachtungsobjekte standardisierte Normstrategien abgeleitet." [Dillerup, Stoi (2011), S. 235].

Die einzelnen Geschäftsfelder werden stets aus zwei Dimensionen betrachtet: der internen, vom Unternehmen direkt beeinflussbaren, und der externen, vom Unternehmen nicht direkt beeinflussbaren Dimension. Die interne Dimension repräsentiert das Unternehmen (Unternehmensvariable), die Stärke oder Schwäche

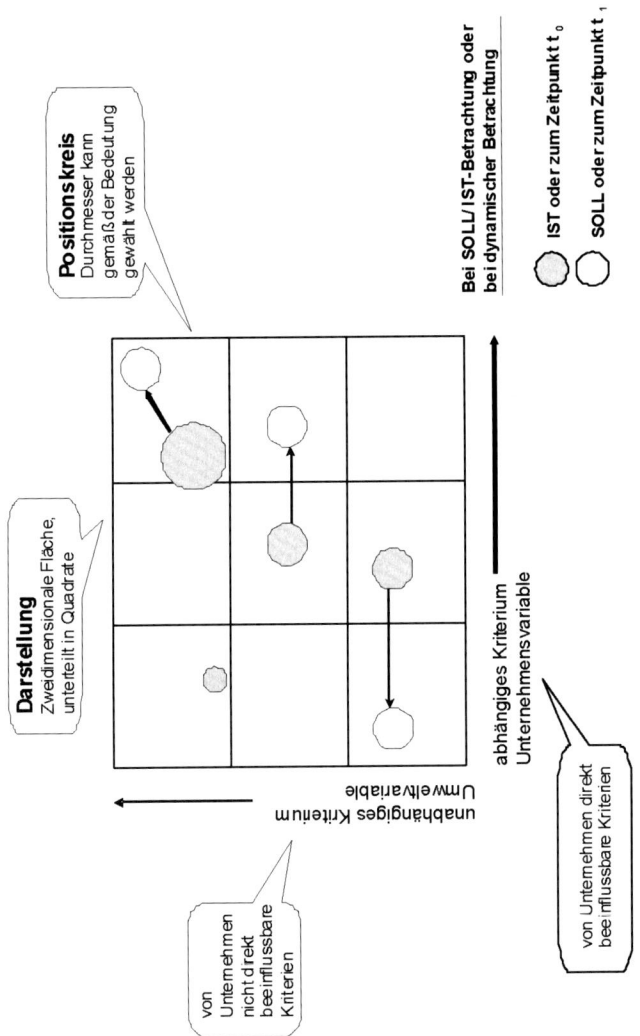

Abb. 6-24: Grundprinzip der Portfolio-Technik
[Bullinger (1994), S. 144]

des Geschäftsfelds im Wettbewerb. Die externe Dimension steht für die Umwelt (Umweltvariable), die Chancen und Risiken des Geschäftsfelds und somit die Marktattraktivität. Die Vielzahl an relevanten Informationen wird dabei auf diese zwei wesentlichen Dimensionen reduziert. Die Darstellung erfolgt als Matrix. Ent-

sprechend ihrer Größe oder Bedeutung werden die Geschäftsfelder als Kreise in dieser zweidimensionalen Matrix abgebildet,
wobei die externe Dimension auf der vertikalen und die interne
Dimension auf der horizontalen Achse abgetragen sind. Der
Kreisdurchmesser wird entsprechend der Bedeutung des strategischen Geschäftsfeldes gewählt. Je nach Positionierung im Portfolio verfügen die strategischen Geschäftsfelder über unterschiedliche Finanzmittelbedarfe und -rückflüsse. Ausgehend von dieser
Überlegung wird für jedes Feld des Portfolios eine Normstrategie
empfohlen.

Das bekannteste Portfolio ist das so genannte Marktwachstums-
Marktanteils-Portfolio, das von der amerikanischen Unterneh-
mensberatungsfirma *Boston Consulting Group (BCG)* entwickelt
wurde. Die externe Dimension des Portfolios wird hier durch das
Marktwachstum, die interne durch den relativen Marktanteil ausgedrückt (s. Abb. 6-25) [Bea, Haas (2005), S. 149f.].

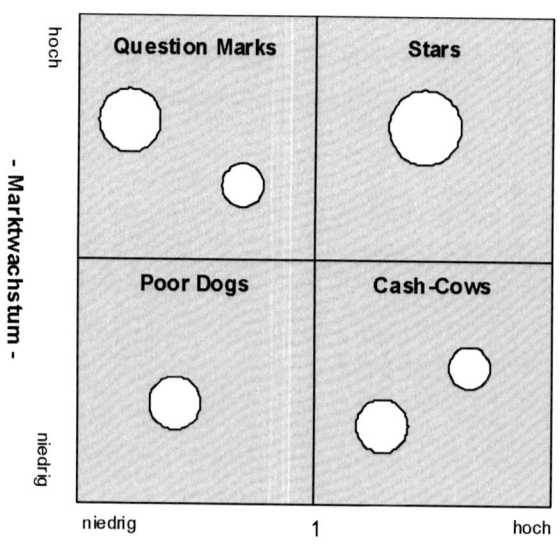

**Abb. 6-25: Marktwachstums-Marktanteils-Portfolio
(BCG-Matrix)** [vgl. Wöhe, Döring (2008), S. 95]

Die beiden Dimensionen Marktwachstum und Marktanteil werden zu einer Portfoliomatrix gebündelt [vgl. Hungenberg (2008), S. 472]. Aus Gründen der Anschaulichkeit werden die Achsen in jeweils zwei Segmente aufgeteilt. Für den relativen Marktanteil liegt die Trennlinie in der Regel bei dem Wert eins. Ein dort positioniertes Geschäftsfeld wäre damit genauso groß wie sein stärkster Wettbewerber – beide hätten den gleichen Marktanteil. Für das Marktwachstum wird die Trennlinie z.b. durch das (gewichtete) durchschnittliche Wachstum aller Märkte, in denen die Geschäftsfelder des Unternehmens tätig sind, bestimmt [vgl. ebenda, S. 472].

!!! Erläuterung

Mit dem **durchschnittlichen Marktwachstum** wird die Entwicklung der Märkte der im Unternehmen definierten Geschäftsfelder abgeschätzt.

Der **relative Marktanteil** soll Anhaltspunkte über die Bedeutung der eigenen Geschäftsfeldaktivitäten in dem betreffenden Markt geben (z.B. Marktanteil eines Geschäftsfeldes im Verhältnis zum Anteil des stärksten Konkurrenten) [vgl. Macharzina, Wolf (2005), S. 351].

Infolge dieser Segmentierung entsteht eine Matrix mit 4 Feldern. Jedes der vier Felder ist mit einem Begriff für die darin positionierten Geschäftsfelder versehen: Question Marks (Nachwuchsprodukte), Stars (Starprodukte), Cash-Cows (Cash-Produkte), Poor Dogs (Auslaufprodukte). In der durch diese vier Felder gebildeten Matrix werden die einzelnen Geschäftsfelder des betrachteten Unternehmens positioniert – entsprechend ihres Marktwachstums und ihres Marktanteils. Die Positionierung kann für die Gegenwart (Ist-Portfolio) und die Zukunft (Soll-Portfolio) erfolgen. Können die cash-starken Bereiche die schwächeren auffangen? Sind die Risiken optimal gestreut? Die Beantwortung dieser Fragen liefert Erkenntnisse für die Erstellung eines Soll-Portfolios. Es soll abbilden, wo das Unternehmen zukünftig durch die Positionierung seiner Geschäftsfelder stehen will. Angestrebte oder erwartete Veränderungen werden so transparent gemacht.

Die Bezeichnungen der vier Felder des BCG-Portfolios sind bereits Indikatoren für die abzuleitenden Normstrategien [vgl. Becker (2001), S. 64f.]:

Question Marks: Der relative Marktanteil ist niedrig, aber der Markt weist hohe Wachstumsraten auf. Die Produkte befinden sich am Anfang des Lebenszyklus. Diese Fragezeichen- oder Nachwuchsprodukte sollen das künftige Wachstum bringen und erfordern hohe Investitionen zur Kapazitätsausweitung.

Stars: Zu dem hohen Marktwachstum kommt in diesem Feld ein hoher (relativer) Marktanteil. Die Marktanteile sollten abgesichert und/oder ausgebaut werden. Die Einnahmen werden vollständig für die Sicherung und den Ausbau der Marktposition benötigt. Um das Zukunftsgeschäft abzusichern, ist eine ausreichende Anzahl an Star-Produkten zu positionieren. Bei nachlassendem Marktwachstum werden die Stars die Cash Cows von morgen, d.h. sie sollen den wesentlichen positiven Cash-flow von morgen bringen.

Question Marks		Stars	
Strategie:	Ausbauen oder Abstoßen	**Strategie:**	Haten/Ausbauen
Investition:	Sehr hoch oder desinvestieren	**Investition:**	Hoch
Cash-flow:	Negativ	**Cash-flow:**	Gleich Null
Poor Dogs		**Cash-Cows**	
Strategie:	Abstoßen	**Strategie:**	Halten/ Abschöpfen
Investition:	Desinvestition	**Investition:**	Niedrig
Cash-flow:	Gleich Null oder negativ	**Cash-flow:**	Hoher Cash-flow

Abb. 6-26: Strategien des BCG-Portfolios

Cash-Cows: Sie haben einen hohen relativen Marktanteil und befinden sich in der Reifephase des Lebenszyklus. Niedrige Stückkosten ermöglichen hohe Gewinnspannen. Da der Markt nur noch langsam wächst, sind keine zusätzlichen Ausgaben oder Investitionen mehr notwendig. Es sollte ein sehr hoher Cash-flow erwirtschaftet werden, der für andere Bereiche verwendet werden kann (insbesondere für Question Marks).

Poor Dogs: Hier handelt es sich um Geschäftsfelder mit einem geringen Marktanteil in einem unterdurchschnittlich wachsenden bzw. einem stagnierenden Markt. Wie der Name „Poor Dogs" signalisiert, handelt es sich um echte Problemgeschäfte, bei denen es sich nicht mehr lohnt, zu investieren. Die beanspruchten finanziellen Ressourcen sollten stattdessen den Question Marks und Stars zur Verfügung gestellt werden.

Als weiters Beispiel für ein Portfolio soll das Marktattraktivität-Wettbewerbsvorteil-Portfolio von *McKinsey* kurz erläutert werden:

Die externe Dimension, ausgedrückt in „Marktattraktivität", wird von vielen Faktoren beeinflusst: u.a. Marktwachstum, Markteintrittskosten, Marktgröße, Marktrisiko, Konkurrenzsituation, Preiselastizität. Die interne Dimension, der relative Wettbewerbsvorteil resultiert aus den Teildimensionen relativer Marktanteil, Produktqualität, Distributionspolitik, Vertriebsvorteile, Standortvorteile, Preisvorteile etc. [vgl. Welge, Al-Laham (2003), S. 351ff.]. Durch die Einbeziehung dieser zusätzlichen Erfolgsfaktoren gelingt es, die Bedeutung von Marktanteil und Marktwachstum zu relativieren. Die Matrix wird hier in neun Felder unterteilt. Aus der Positionierung der Geschäftsfelder werden auch hier Normstrategien abgeleitet (s. Abb. 6-27) [vgl. Bea, Haas (2005), S. 152].

Klassen von Normstrategien sind [vgl. Bea, Haas (2005), S. 151; Welge, Al-Laham (2003), S. 350f.; Hungenberg (2008), S. 477f.]:

Wachstums- bzw. Investitionsstrategie: Bei Geschäftsfeldern, die zum Wachstum und den zukünftigen Gewinnen des Unternehmens beitragen, muss die relative Wettbewerbsstärke gesichert und ausgebaut werden. Durch zusätzliche Investitionen soll erreicht werden, dass die Wettbewerbsposition gehalten bzw. ausgebaut wird.

Abschöpfungs- bzw. Desinvestitionsstrategie: Sie beziehen sich auf Geschäftsfelder ohne Zukunftspotenzial. Es werden Desinvestitionsstrategien empfohlen. Sie operieren in wenig attraktiven Marktumfeldern und besitzen zudem eine schlechte Wettbewerbsposition. Hier lohnt es sich kaum, in die Geschäftsfelder zu investieren. Aus diesem Grund sollte hier abgeschöpft und im Laufe der Zeit sogar desinvestiert werden.

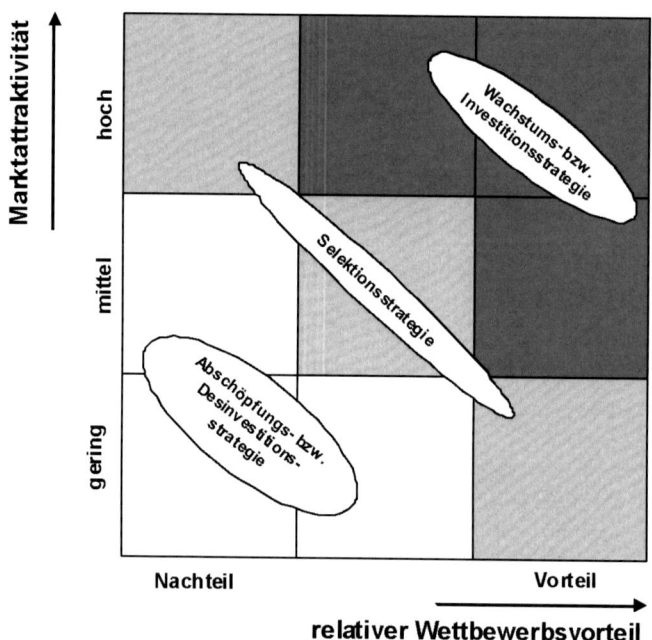

Abb. 6-27: Marktattraktivität-Wettbewerbsvorteil-Portfolio
[i.A.a. Bea, Haas (2005), S. 152]

Selektionsstrategie (Offensiv-, Defensiv- und Übergangsstrategie). Im selektiven Bereich ist keine eindeutige Strategieempfehlung möglich. Ziel einer Offensivstrategie (für Geschäftsfelder, die sich durch eine hohe Marktattraktivität auszeichnen) ist es, eine Positionierung in den Wachstumsfeldern zu erreichen – z.B.

durch Investitionen. Für Geschäftsfelder, die rechts unten positioniert sind, wird meist eine Abschöpfungs- und Desinvestitionsstrategie empfohlen. Hier kann das Unternehmen durch seine gute Wettbewerbsposition zumindest für eine begrenzte Zeit auch ohne nennenswerte Investitionen noch Rückflüsse erzielen.

Neben den zwei vorgestellten bekanntesten Vertretern der Portfolioanalyse, gibt es eine Vielzahl weiterer unterschiedlicher Portfolios. Sie werden in zwei Gruppen unterschieden, absatzmarktorientierte und ressourcenorientierte Portfolios.

Abb. 6-28 und 6-29 stellen beispielhaft die verschiedenen Portfolios mit ihren spezifischen Unternehmens- und Umweltdimensionen sowie den zugehörigen strategischen Geschäftsfeldern dar [vgl. Bea, Haas (2005), S. 148].

Absatzmarkt-orientierte Portfolios	Unternehmen	Umwelt	Strategische Geschäftsfelder
Marktwachstum-Marktanteil-Portfolio (BCG-Matrix)	Relativer Marktanteil von Produkten	Markt-wachstum	Produkt-Markt-Kombinationen
Marktattraktivität-Wettbewerbsvorteil-Portfolio (McKinsey-Matrix)	Relativer Wettbewerbsvorteil	Markt-attraktivität	Produkt-Markt-Kombinationen
Wettbewerbsposition- Marktlebenszyklus-Portfolio (A. D. Little)	Wettbewerbsposition	Lebenszyklusphase	Produkt-Markt-Kombinationen

Abb. 6-28: Absatzmarktorientierte Portfolios
[Bea, Haas (2005), S. 148)]

Ressourcen-orientierte Portfolios	Unternehmen	Umwelt	Strategische Geschäftsfelder
Geschäftsfeld-Ressourcen-Portfolio (Albach)	Verfügbarkeit von Ressourcen, Kostenentwicklung	Marktattraktivität von Produkten	Produkt-Ressourcen-Kombination
Technologie-Portfolio (Pfeiffer u. a.)	Technologiestärke	Technologieattraktivität	Produkttechnologie, Verfahrenstechnologie

Abb. 6-29: Ressourcenorientierte Portfolios
[Bea, Haas (2005), S. 148]

6.3.7 Die SWOT-Analyse

Die Basis der strategischen Analyse, die Unternehmens- und Umweltanalyse, wird in der SWOT-Analyse zusammengefasst.

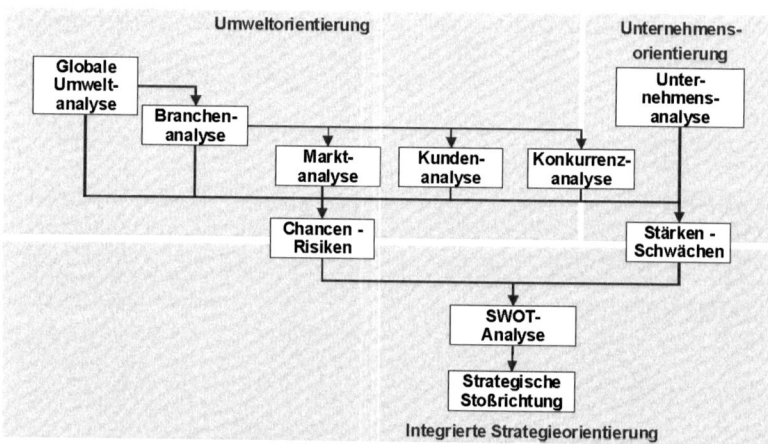

Abb. 6-30: Grundlagen der SWOT-Analyse
[vgl. Dillerup, Stoi (2011), S. 185]

SWOT steht für „Strength", „Weakness", „Opportunities" und „Threats". Die Gegenüberstellung der externen Sicht (Chancen und Risiken) und der internen Sicht (Stärken und Schwächen) erfolgt in der sogenannten SWOT-Matrix (s. Abb. 6-31).

Die Zusammenstellung soll transparent machen, welche Geschäftsfelder zukünftig relevant sind, und ob sie sich eignen, die ermittelten Chancen zu nutzen und die Risiken zu bewältigen.

Mit Hilfe des Portfolios können Normstrategien abgeleitet werden. Es ergeben sich strategische Stoßrichtungen mit potenziellen Wettbewerbsvorteilen.

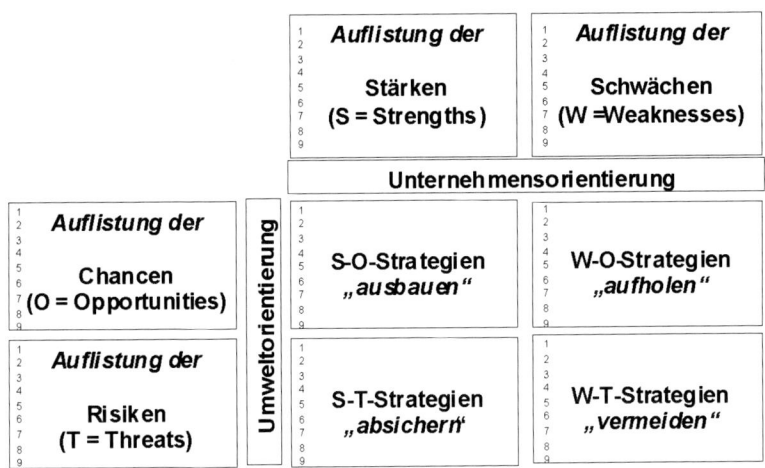

Abb. 6-31: SWOT-Matrix [Dillerup, Stoi (2011), S. 223]

S-O-Strategien: Diese Strategien stellen den Idealfall dar. Die Stärken des Unternehmens werden genutzt, um die Chancen im Umfeld wahrzunehmen. Die Normstrategie lautet Wettbewerbsposition ausbauen (z.B. Expansion).

W-O-Strategien: Schwäche + Chance = Überwindung der internen Schwächen, um externe Chancen nutzen zu können (z.B. Kooperation). Die Normstrategie lautet aufholen.

S-T-Strategien: Eigene Stärken werden zur Absicherung gegen externe Risiken eingesetzt (z.B. Innovationen als Stärke gegen neue Konkurrenten, Orientierung in andere Branchen). Die Normstrategie lautet absichern.

W-T-Strategien: Diese sind für die kritische Kombination eigener Schwächen und externer Risiken erforderlich. Daher sollten eigene Schwächen abgebaut werden, um die Existenz bedrohende Situation auf Grund externer Risiken zu vermeiden (z.B. Fusion, Aufgabe unrentabler Geschäftsfelder) [vgl. Dillerup, Stoi (2011), S. 222f.; Welge, Al-Laham (2003), S. 319]. Die Normstrategie lautet vermeiden.

Die Zielsetzung aller Strategien ist es, die Chancen und Stärken zu nutzen und die Schwächen und Risiken zu vermeiden bzw. zu minimieren. Abb. 6-32 illustriert die SWOT-Analyse am Beispiel eines europäischen Verteidigungsunternehmens.

Umweltfaktoren / Unternehmensfaktoren	Opportunities	Threats
	1. Neue Verteidigungsmärkte in Osteuropa 2. Zugang zu zivilen Märkten (Dual use products) 3. Verstärkt pan-europäische Projekte (z.B. Eurofighter)	1. Reduktion der Militärbudgets 2. Neue Konkurrenten aus europäischen Ländern 3. Konzentrationstendenzen in der Branche
Strengths 1. Technologische Führerschaft 2. Gute Kontakte zu Militärbehörden 3. Starke Cash Position	**SO-Strategien** • Entwicklung neuer Produkte (Satellitennavigation) und Dienstleistungen (Flughafenbefeuerung) • Expansion in osteuropäische Märkte	**ST-Strategien** • Kooperation oder Akquisitionen in Europa • Investierung der Marketing-Aktivitäten
Weaknesses 1. Hohe Produktionskosten 2. Unflexible Aufbau- und Ablaufstrukturen 3. Nationale Vertriebspräsenz 4. Teilweise fehlende kritische Masse	**WO-Strategien** • Gründung von Vertriebs-einheiten im Ausland • Gründung von New Ventures in Teilbereichen • Gründung von Jointventures	**WT-Strategien** • Schließung oder Outsourcing unrentabler Bereiche • Erhöhung der Effizienz (BPR-Projekte)

Abb. 6-32: SWOT-Analyse eines europäischen Verteidigungsunternehmens [Müller-Stewens, Lechner (2001), S. 167]

6.3.8 Die Wertkette nach Porter

„Jedes Unternehmen ist eine Ansammlung von Tätigkeiten, durch die sein Produkt entworfen, hergestellt, vertrieben, ausgeliefert und unterstützt wird. All diese Tätigkeiten lassen sich in einer Wertkette darstellen." [Porter (1989), S. 63]. Das Unternehmen kann nur dann langfristig am Markt überleben, wenn der hervorgebrachte Wert die Kosten der Erzeugung dieses Wertes übersteigt [vgl. ebenda, S. 59ff.]. Der Wert, den ein Unternehmen schafft, wird an dem Preis gemessen, den Kunden für eine bestimmte Problemlösung (Produkt oder Dienstleistung) zu zahlen bereit sind.

Ein Unternehmen kann in strategisch relevante Funktionsbereiche bzw. Aktivitäten unterteilt werden, die sogenannten Wert- (oder Wertschöpfungs-) -aktivitäten. Um einen Wettbewerbsvorteil zu erreichen, muss ein Unternehmen diese Aktivitäten entweder zu geringeren Kosten ausführen oder sie so gestalten, dass sie zu einer Produktdifferenzierung bzw. zu größerem Kundennutzen führen [vgl. Kreikebaum (1997), S. 137]. Zur systematischen Durchleuchtung eines Unternehmens (oder einer strategischen Geschäftseinheit), um die Ursachen von Wettbewerbsvorteilen zu bestimmen, wurde von *Porter* das Instrument der Wertkette (synonym als Wertschöpfungskette bezeichnet) entwickelt (s. Abb. 6-33).

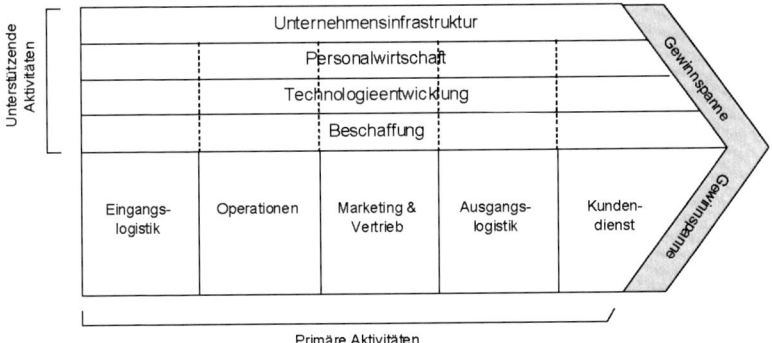

Abb. 6-33: Das Modell einer Wertkette [Porter (1989), S. 62]

Die für die Entwicklung einer Wertkette relevante Ebene sind die Unternehmenstätigkeiten in einer bestimmten Branche. Ausgehend vom Gesamtwert (Marktpreis) stellt die Wertkette das Unternehmen als eine Kette von wertsteigernden Aktivitäten dar. Die Differenz zwischen den Kosten der Wertschöpfungsaktivitäten und dem am Marktpreis gemessenen Kundennutzen bildet die vom Unternehmen erzielte Gewinnspanne. Der Zweck der Wertkettenanalyse ist eine wettbewerbs- und kundennutzenorientierte Analyse. Es sollen Gestaltungsmöglichkeiten aufgezeigt werden, um gegenüber der Konkurrenz Wettbewerbsvorteile zu erlangen.

Zur Ermittlung von Wertaktivitäten müssen technologisch und strategisch unterscheidbare Aktivitäten getrennt voneinander behandelt werden [vgl. Porter (1989), S. 66]. *Porter* unterscheidet hier zum Einen in fünf Kategorien primärer Aktivitäten:

- Eingangslogistik (z.B. Eingangskontrolle, Lagerhaltung, Bestandskontrolle, Rückgabe an Lieferanten ...)

- Operationen (z.B. maschinelle Bearbeitung, Verpackung, Montage, Prüfverfahren)

- Marketing & Vertrieb (z.B. Werbung, Verkaufsförderung, Verkaufsaußendienst, Preisfestsetzung, ...)

- Ausgangslogistik (z.B. Lagerung der Fertigwaren, Materialtransport, Auftragsabwicklung, ...)

- Kundendienst (z.B. Installierung, Reparaturen, Ersatzteillieferung, ...)

Zum Anderen lassen sich nach *Porter* [vgl. Porter (1989), S. 67f.] die im Wettbewerb in jeder Branche vorhandenen unterstützenden Aktivitäten in vier Kategorien unterteilen:

- Beschaffung (damit ist die Funktion des Einkaufs der in der Wertkette des Unternehmens verwendeten Inputs, nicht die gekauften Inputs selbst gemeint)

- Technologieentwicklung (alle Technologien und Verfahren, die das Unternehmen benötigt (z.b. Forschung und Entwicklung, Informationssysteme)

- Personalwirtschaft (z.b. Einstellung, Aus- und Fortbildung, Lohn- und Gehaltsabrechnung, …)

- Unternehmensinfrastruktur (z.b. Geschäftsführung, Planung, Finanzen, Rechnungswesen, …)

Die einzelnen Wertaktivitäten sind innerhalb der Wertkette miteinander verknüpft. Verknüpfungen sind die Beziehungen, die zwischen einer Wertaktivität und den Kosten und der Durchführung einer anderen bestehen.

Die Wertkettenanalyse erlaubt es, das Innere eines Unternehmens als Quelle von Wettbewerbsvorteilen zu durchleuchten. Hierzu wird in fünf Schritten vorgegangen [gl. Welge, Al-Laham (2003), S. 246]:

- Definition der Wertkette,

- Abgrenzung von Wertkette und Organisationsstruktur,

- Grobe Ermittlung von Schwerpunkten,

- Analyse der Verflechtungen,

- Analyse von Kostenschwerpunkten und

- Analyse von Differenzierungsschwerpunkten.

7. Operative Unternehmensführung

Die operative Unternehmensführung hat die bestmögliche Nutzung bestehenden Wettbewerbsvorteile, die Umsetzung der strategischen Maßnahmen und Projekte mit Hilfe der operativen Planung und Kontrolle sowie die Zielausrichtung der laufenden Aktivitäten zur Aufgabe.

Sie besteht aus den Elementen des operativen Personalmanagement und Führung (s. Kap. 3), der operativen Organisation (s. Kap. 4) und der operativen Planung und Kontrolle.

Abb. 7-1: Operative Planung und Kontrolle im System der Unternehmensführung

7.1 Operative Planung und Kontrolle

Die operative Planung und Kontrolle (opuK) ist Teil der operativen Unternehmensführung (s. Abb. 7-1). Planung und Kontrolle stehen hierbei synonym für den Managementkreislauf der Zielvorgabe, Überwachung der Prämissen und Umsetzung (Kontrolle) sowie der Initiierung von Steuerungsmaßnahmen.

!!! Merke

Die operative Planung und Kontrolle hat
· die bestmögliche Nutzung bestehenden Erfolgspotenziale,
· die Umsetzung der strategischen Maßnahmen und
· die Realisierung der Projekte zur Aufgabe.

Mit der opuK wird ein hoher Detaillierungsgrad und in der Praxis meist eine auf das laufende und kommende Geschäftsjahr ausgerichtete Planung und Steuerung verbunden. Trotzdem ist der Zeithorizont der operativen Planung korrekterweise zu unterscheiden in lang-, mittel- und kurzfristige opuK [vgl. Hahn, Hungenberg (2001), S. 104]. Der Unterschied wird neben dem Zeithorizont im Grad der Detaillierung und der Sicherheit der zugrunde gelegten Informationen sichtbar.

Die langfristige operative Planung und Kontrolle hat einen Zeithorizont von 5-10 Jahren und ist von großen Unsicherheiten geprägt. Daher beschränkt sich diese Planung und Kontrolle vornehmlich auf zentrale Prämissen und aggregierte Größen. Die langfristige opuK bildet die strategischen Entscheidungsalternativen ab und unterstützt die Strategiewahl. Praktisch finden hier die Methoden der wertorientierten Unternehmensführung mit Zielgrößen wie EVA und CFROI ihre Grundlagen und Anwendung.

In manchen Unternehmen und Veröffentlichungen findet sich, auch bewusst von der oPUK abgegrenzt, die taktischen Planung [vgl. Weber, Schäffer (2008), S. 315ff.]. Hierbei handelt es sich jedoch im Kern um nichts anderes als die mittelfristige opuK, für die in der Praxis das Synonym der Mittelfristplanung gebraucht wird. Ob und wie eine solche Unterscheidung sinnvoll und für die Praxis hilfreich ist, kann beliebig diskutiert werden. Zentral bleibt die Aussage, dass im Rahmen der mittelfristigen oPuK die Verbindung zwischen den strategischen Zielen, strategischen Programmen und Projekten, sowie den Investitionsentscheidungen herzustellen ist. Der Zeithorizont liegt hier bei 3 bis 5 Jahren. Die Informationen für den Planungsprozess sind detaillierter verfügbar (z.B. aus der „F&E-Pipeline" welche Produkte wann zu erwarten sind) und die möglichen Entwicklungen in der Unternehmensumwelt besser prognostizierbar. Die mittelfristige oPuK ist ein wichtiges Werkzeug, um die Erfolgswirkung von Strategien aufzeigen, bewerten und verfolgen zu können und steht in ihrer Bedeutung damit neben der Balanced Scorecard. Gemeinsam bilden die BSC und die mittelfristige oPuK die Brücke zwischen Strategischer Planung und Kontrolle (Potenziale) und kurzfristiger oPuK. Alternative Strategien und die Projekte im Unternehmen finden ihren Niederschlag in den Budgets der mittelfristigen oPuK. Anhand der Zahlen können dann strategische Maßnahmen und Projekte in ihrer Zielwirkung (z.B. auf den ROI oder den CFROI) bewertet werden.

Die kurzfristige oPuK ist bezogen auf das Geschäftsjahr und wird in der Praxis mit hohem Ressourceneinsatz betrieben. Hier werden in großer Detailliertheit die kommenden Aktivitäten geplant und budgetiert. In monatlichen oder quartalsweisen Reviews werden relevante Abweichungen auf ihre Ursachen hin untersucht und Möglichkeiten zur Zielerreichung gesucht. Die aktualisierten Erwartungen gegenüber dem ursprünglichen Plan werden als sogenannte Vorschau- oder Forecast-Werte entwickelt und verabschiedet.

Für die Verkettung der Pläne stehen drei grundlegende Möglichkeiten zur Verfügung [Szyperski, Müller-Böling (1980), S. 56ff., Mag (1995), S. 110f.] (s. Abb. 7-2).

Die **Reihung** beschreibt die Erstellung von Plänen ohne eine Überlappung. Für die unterschiedlichen Planungshorizonte werden jeweils eigenen operative Pläne erstellt. Dem Vorteil einer klaren Zuordnung und einfachen Erstellung stehen potenziell Zielkonflikte und Widersprüche durch die fehlende Verbindung gegenüber.

Die **Staffelung** sorgt durch überlappende Zeithorizonte in der Planung für eine Verbindung der Planungshorizonte. Damit werden teilweise die Probleme der Reihung (Fehlende Verbindung und Abstimmung) überwunden. Gleichzeitig entsteht Komplexität durch fehlende generelle Prinzipien für die Staffelung. In der Praxis muss der überlappende Zeitraum individuell festgelegt und der überlappende Zeitraum im Planungsprozess kontinuierlich abgegrenzt und in beiden Plänen berücksichtigt werden.

Die **Schachtelung** integriert die kurzfristigeren Pläne in die jeweils längeren Planungshorizonte. Somit werden alle Pläne mit einander verbunden und abgestimmt.

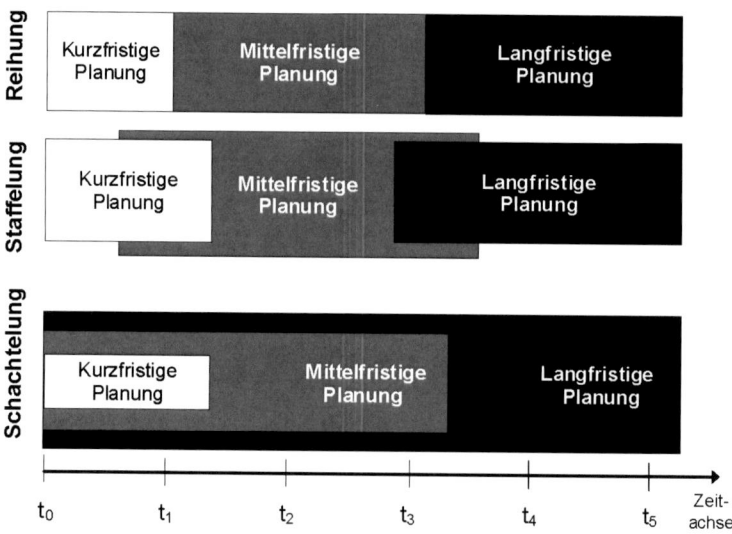

Abb. 7-2: Möglichkeiten zeitlicher Verkettung von Plänen
[Mag (1995), S. 110f.; nach: Dillerup, Stoi (2011), S. 297]

Für die Praxis stellt die Schachtelung eine wirklich brauchbare Verkettungsform dar. Zum Einen wird durch die Schachtelung die Integration aller Planungshorizonte sichergestellt, zum Anderen werden widersprüchliche Pläne und Zielkonflikte gleichzeitig ausgeschlossen. Im Planungsprozess liefert so die jeweils längerfristige Planung die Eckpunkte der kurzfristigeren Planung. So lassen sich auch für die langfristigen Ziele und Maßnahmen die Machbarkeit und die finanzielle Wirkung (Budgets) abbilden.

Die Träger der operativen Planung sind alle Managementebenen im Unternehmen. Zentrale Inhalte werden durch die Fachkräfte (Wissensarbeiter) in allen Unternehmensbereichen beigetragen. So liefern z.b. die Sachbearbeiter im Vertrieb Informationen (Verhalten der Wettbewerber) und Planzahlen (z.b. Menge, Preise, Umsätze, Vertriebskosten) für ihre Kunden und Produkte.

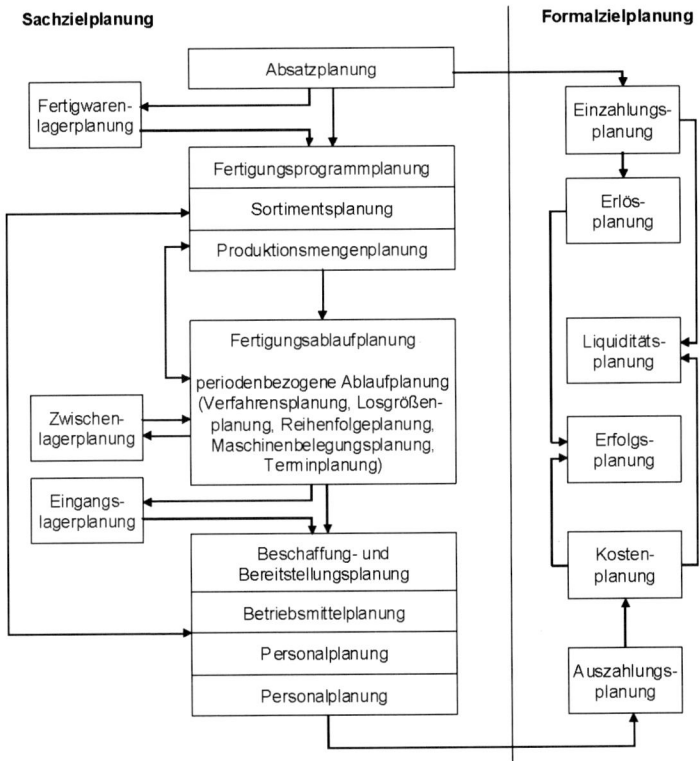

Abb. 7-3: Grundschema der operativen Planung
[entnommen aus Weber, Schäffer, (2008) S. 274]

Die Prozesse zur operativen Planung und Kontrolle werden vielfach durch spezialisierte Controllingstellen und -abteilungen unterstützt

Die Objekte der oPuK sind alle Organisationseinheiten, Prozesse, Produkte und Projekte des Unternehmens sowie Einflussfaktoren aus der Unternehmensumwelt. Für eine wirkungsvolle Planung ist die ganzheitliche Planung und Kontrolle erforderlich. Diese ganzheitliche Planung und Kontrolle umfasst die Antwort auf die Fragen nach

- Was wird getan? (Aktionsplanung und -kontrolle)

- Wie wirkt sich dies finanziell aus? (Budgetierung)

In der oPuK wird somit - entsprechend der Zieldimensionen unterschieden in die sachzielorientierte (Aktionsplanung und -kontrolle) und die formalzielorientierte (Budgetierung) Planung und Kontrolle (s. Abb. 7-3).

7.1.1 Aktionsplanung und Budgetierung

„Die operative Aktionsplanung und -kontrolle beinhaltet die detaillierte Festlegung zukünftiger Aktivitäten und der dabei eingesetzten Personen, Verfahren, Objekte und Gegenstände. Sie bestimmt, wer was, wann, wie, womit und wo tun soll, um ein angestrebtes Sachziel zu erreichen." [Dillerup, Stoi (2011), S. 339)].

!!! Definition

Die **Budgetierung** umfasst die Konkretisierung, Vorgabe sowie Kontrolle von Formalzielen. Sie bezieht sich auf die finanziellen Auswirkungen von Handlungen und dient der Erreichung wertmäßiger Ergebnisse [vgl. Dambrowski (1986), S. 23ff. und Horváth (2009), S. 200ff.].

Als Ergebnis der formalzielorientierten Planung liegt das Budget vor.

„Ein Budget ist ein in wertmäßigen Größen formulierter Plan, der einem Verantwortungsbereich für einen festgelegten Zeitraum mit einem Verbindlichkeitsgrad vorgegeben wird" [Dillerup, Stoi (2011), S. 342].

Budgets und Aktionspläne existieren auf allen Ebenen des Managements. Die sachziel- und die formalzielorientierte Planung sollen dabei stets miteinander verbunden sein. Grundsätzlich sind zur Erstellung von Aktionsplänen und Budgets zwei idealtypische Herangehensweisen zu unterscheiden (s. Abb 7-4) [vgl. Jung (1985), S. 69, 97].

Budgets sind im hier vertretenen Verständnis auf Wertgrößen beschränkt. Mengen und Zeiten werden zwar häufig für die Erstellung des Budgets benötigt sind jedoch Gegenstand der sachzielorientierten Planung (Aktionsplanung). Die Budgets können sowohl Auskunft über den wertmäßigen Input (z.B. Materialkosten), wie über den wertmäßigen Output (z.B. Umsatz) geben.

Abfolge	Vorteile	Nachteile
Budgets basieren auf Aktionsplänen	Sachziel- und Maßnahmenplanung können sich ausschließlich an der Marktsituation und den vorhandenen Marktchancen orientieren	Die aus den Aktionsplänen abgeleiteten Budgets entsprechen häufig nicht dem verfügbaren Ressourcenpotenzial, erforderlichen Liquiditätsbedarf und Rentabilitätsziel
Aktionspläne basieren auf Budgets	Aktionspläne sind stets auf die Realisation eines angestrebten wirtschaftlichen Ergebnisses ausgerichtet	Nicht immer existieren Maßnahmenprogramme, die geeignet sind, die vorgegebenen Budgets zu verwirklichen

Abb. 7-4: Idealtypische Herangehensweise zur Verbindung von Budgets und Aktionsplänen
[vgl. Jung (1985), S. 69 und S. 97]

Beim Blick in die Praxis können vornehmlich Mischformen gefunden werden, die auch innerhalb eines Unternehmens variieren [vgl. Horváth (2009), S. 205]. So legen gering detaillierte Entscheidungen über Programme und Maßnahmen die Basis, um daraus die Budgetierung vorzunehmen. Diese Budgets begrenzen dann wiederum den Handlungsspielraum und die Wahlmöglichkeiten, in deren Rahmen diese Aktionen durchgeführt werden können [vgl. Dillerup, Stoi (2008), S. 330].

7.1.2 Der Planungsprozess im Planungskalender

Zur Erstellung der operativen Pläne ist der Prozessablauf festzu-legen und für das jeweilige Jahr zu terminieren. Voraussetzung hierfür ist eine klare Definition der Planungsgegenstände, der Ausrichtung am Engpass, der Berücksichtigung inhaltli-cher/sachlogischer Beziehungen der Teilpläne und der Hierar-chiedynamik. Dass Ergebnis liegt dann typischerweise in Form eines Planungskalenders (s. Abb. 7-5) im Organisations- oder Controllinghandbuch vor.

Für dieses Beispiel wird zur Beschreibung der Abfolge der Teil-pläne und deren inhaltlicher Abstimmung von einer sukzessiven Planung gesprochen. Die zeitlich und sachlich vorgelagerten Plä-ne liefern die Rahmen- oder Ausgangsdaten für die nachgelager-ten Pläne. Vereinfacht lautet dann dies in der Praxis weit verbrei-tete Vorgehen: Absatz – Produktion – Personal – Beschaffung – Finanzen. Dies begründet sich in dem Umstand, dass in der Regel in den Unternehmen der Absatz den Engpass darstellt. Nach dem Ausgleichsgesetz der Planung [vgl. Gutenberg (1983), S. 163ff.] soll der Teilbereich zuerst geplant werden, der den Engpass des Unternehmens darstellt. Dies führt in der Praxis dazu, dass es auch andere Abfolgen gibt. Beispielsweise seien Engpässe auf der Rohstoffseite (z.B. Fördermengen, Kapazitätsgrenzen), Engpässe in der Finanzierung (Investitions- und Wachstumsgrenzen) oder Engpässe in der Fertigung (Fachkräfte, Anlagenkapazität) ge-nannt.

Als Alternative zur sukzessiven Planung soll die simultane Pla-nung mit Hilfe optimierender Entscheidungsverfahren genannt sein. Durch den Fortschritt der Datenverarbeitung werden hier zunehmend komplexe Verfahren aus dem Operations Research anwendbar. In der Praxis finden sich heute beispielsweise Sim-plex-Algorithmen (Zielfunktion mit mehreren Nebenbedingun-gen) in der Anwendung von Kuppelproduktionen (Öl-Raffinerien, Fleischwaren) oder der nutzerfreundliche Aufbau von Simulati-onsmodellen (Graphentheorie). Die Mehrheit der Unternehmen wendet jedoch heute noch das sukzessive Vorgehen an. Einen solchen Budgetierungsfahrplan mit seinen zeitlichen und inhaltli-chen Abhängigkeiten zeigt das folgende Beispiel (s. Abb. 7-6).

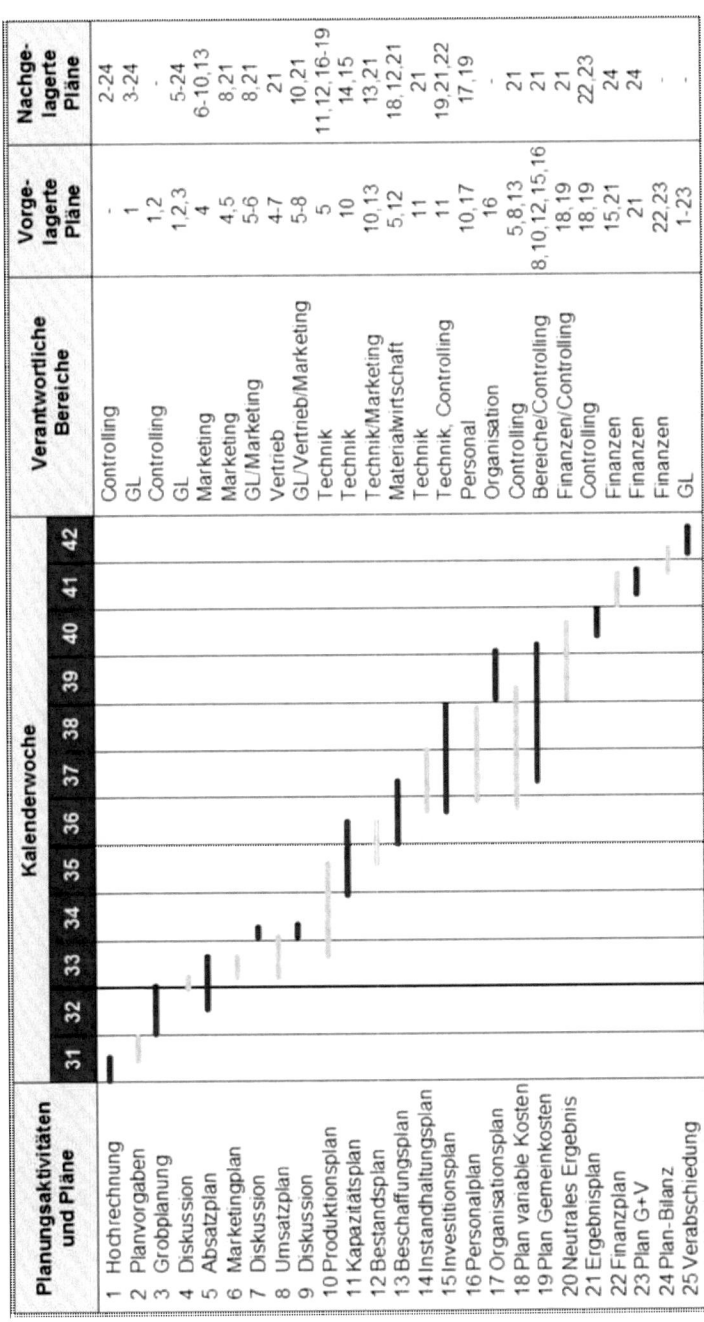

Abb. 7-5: Planungskalender [Dillerup, Stoi (2008), S. 352]

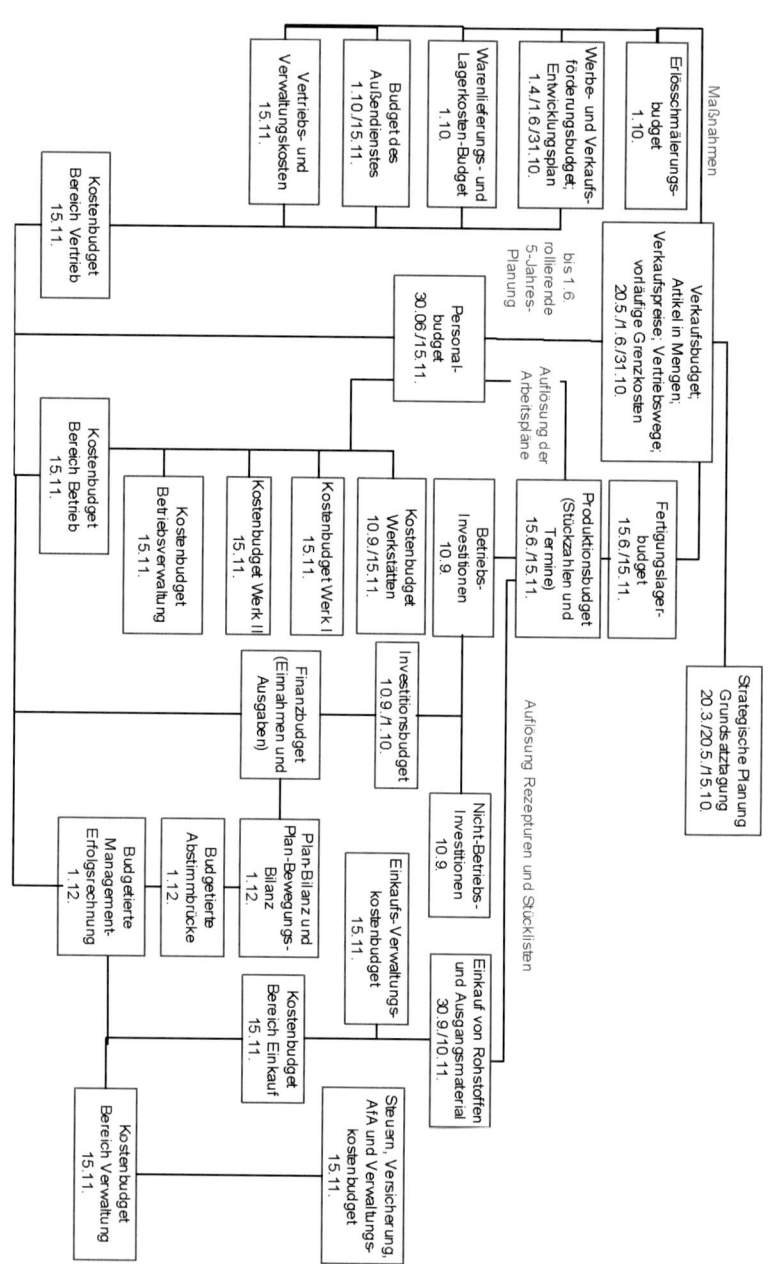

Abb. 7-6: Budgetierungsfahrplan [Deyhle (1997), S. 134f.]

7.2 Hierarchische Abfolge der Planung

Die Planung als Teil des Managementprozesses findet grundsätzlich unter Mitwirkung der verschiedenen hierarchischen Ebenen eines Unternehmens statt. Für die Gestaltung des Planungsprozesses ist daher zu klären, welche Stellen in welcher Reihenfolge mit welchen Kompetenzen an der Planung mitwirken sollen. Die Frage der Entstehung, Koordination, Integration und Durchsetzung von Plänen über die verschiedenen Hierarchieebenen wird als Hierarchiedynamik bezeichnet [Dillerup, Stoi (2011), S. 293]. Drei alternative Vorgehensweisen werden am Beispiel einer dreistufigen Planungshierarchie veranschaulicht und in den Abb. 7-7, 7-8 und 7-9 vorgestellt [vgl. Wild (1982), S. 191ff.; Scholz (1984), S. 97ff.; Horváth (2009) S. 188ff.; Dillerup, Stoi (2011), S. 293ff.].

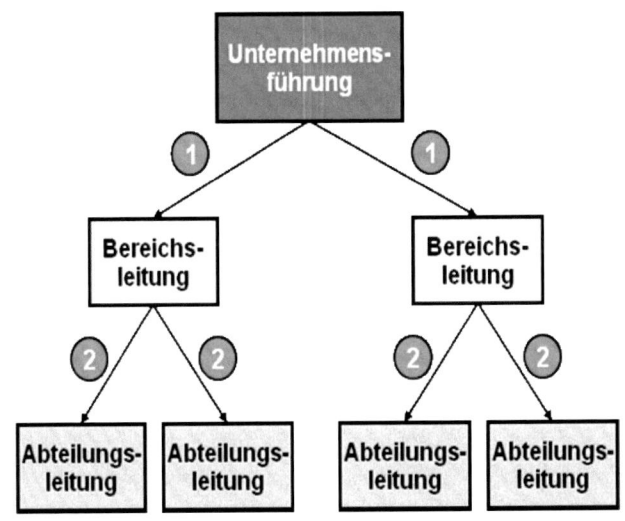

Abb. 7-7: Retrograde Planung – Top Down-Planung
[Dillerup, Stoi (2011), S. 294]

Die **Retrograde Planung – (Top Down-Planung)** beginnt bei der Unternehmensführung mit der Planung der Ziele auf der Ebene des Gesamtunternehmens und der anschließenden Ableitung der Bereichsziele. Für jeden Bereich wiederum findet eine weitere Konkretisierung der Planvorgaben und eine Zuordnung auf die nächste Ebene (Beispiel: Abteilungsebenen) statt. Dies ermöglicht eine relativ schnelle Planerstellung und die Durchsetzung von Innovationen.

Die **Progressive Planung – Bottom Up-Planung** beginnt auf den unteren hierarchischen Ebenen mit eigenständiger Planung der Ziele, Maßnahmen und den dafür erforderlichen Ressourcen. Die nächst höhere Ebene führt diese Pläne zusammen und ergänzt diese, um sie dann wiederum an die nächst höhere Hierarchieebene weiterzugeben. Der Planungsprozess endet auf der Ebene der Unternehmensführung. In der Literatur wird insbesondere die motivierende Wirkung durch die weitreichende Mitwirkung der Mitarbeiter betont [vgl. Dillerup, Stoi (2011), S. 294].

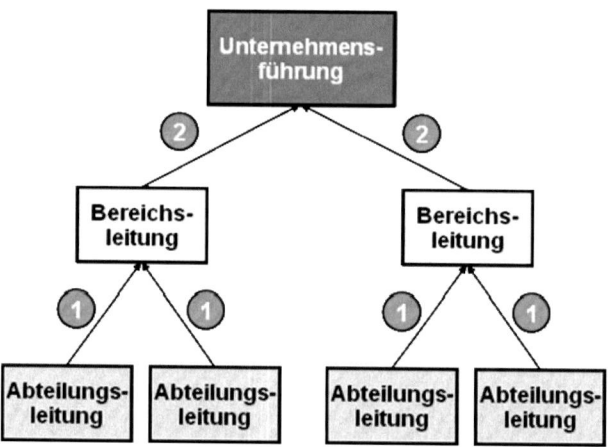

Abb. 7-8: Progressive Planung – Bottom Up-Planung
[Dillerup, Stoi (2011), S. 294]

Ob sich jedoch ohne einen entsprechenden Ansporn die Mehrheit der Mitarbeiter selbst herausfordernde Ziele setzt, bleibt eine wohlwollende Annahme. Der Vorteil dieses Vorgehens liegt in der hohen Realitätsnähe und der Berücksichtigung umfangreichen Fachwissens aus den Abteilungen bei der Erstellung der Pläne. Daher findet sich die Bottom-Up-Planung bevorzugt in Bereichen oder Organisationen mit sehr speziellen Arbeitsbedingungen. Beispielsweise seien hier die planungsrelevanten Details des Sozialgesetzbuches für die Planung der Leistungsausgaben der gesetzlichen Krankenkassen oder die Instandhaltungsplanung einer komplexen Großanlage wie einer Raffinerie oder einer Versuchsanlage für die Luftfahrt genannt.

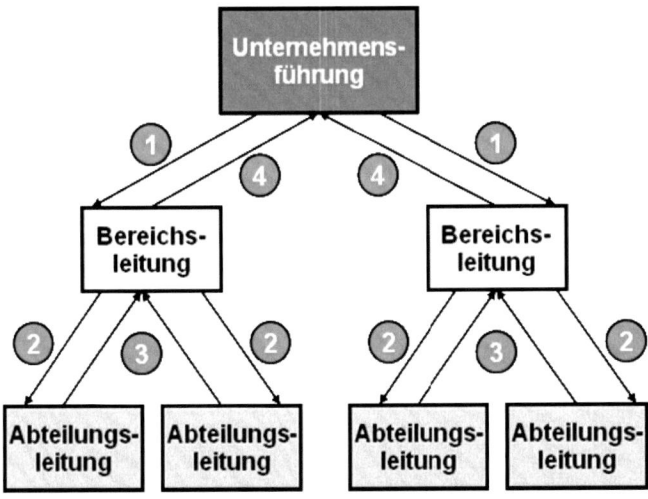

Abb. 7-9: Zirkuläre Planung – Gegenstromverfahren
[Dillerup, Stoi (2011), S. 295]

Mittels des **Gegenstromverfahrens in der Planung** wird versucht, die Vorteile der beiden vorangegangener Abfolgen zu nutzen und die Nachteile gleichzeitig zu verringern. Die Unternehmensführung legt die sogenannten Top-Down-Ziele fest. Diese sind vorläufige Vorgaben, die der Zielsetzung und dem Wissensstand für das Unternehmen entsprechen. Daran schließt sich die schrittweise Entwicklung von Teilzielen und Teilplänen an, die mit einer Überprüfung der Machbarkeit einher geht. Durch den Rücklauf werden, ausgehend von der untersten Planungsebene, die Pläne schrittweise koordiniert und zusammengefasst. In der Praxis werden stufenweise bei Nicht Erreichung der Top-Down-Vorgaben häufig mehrere Durchläufe und Abstimmungszyklen durchlaufen. Bekommt beispielsweise ein Bereich als Ziel einen bestimmen ROI-Wert, so kann dieser durch verschiedenste Stellhebel beeinflusst werden. Werden in einer ersten Runde die Zielwerte nicht erreicht, so ist die Bereichsleitung bemüht, weitere Möglichkeiten zu finden, die Vorgaben zu erreichen. Eine relative

Beteiligung der Mitarbeiter bei der Planung, herausfordernde Vorgaben und die horizontale wie vertikale Abstimmung der Planung im Prozess führten zu einer breiten Verwendung dieser Planungsform.

	Retrograde Planung (Top Down)	Progressive Planung (Bottom Up)	Zirkuläre Planung (Gegenstromverfahren)
Prinzip	Planvorgaben werden von oben nach unten immer weiter detailliert und auf die jeweils darunter liegenden Einheiten verteilt.	Die Planwerte werden „unten" erstellt und nach oben verdichtet.	Verbindung von Top Down mit anschließendem Bottom Up.
Koordination	Abstimmung der Beiträge durch Vorgesetzte und Mitarbeiter.	Keine horizontale Koordination.	Vertikale und horizontale Koordination.
Vorteile	Ausrichtung an den Zielen der Unternehmung, Schnelle Planerstellung, Initiierung auch radikaler Veränderungen (Innovationen).	Ausrichtung an den Fähigkeiten und „Wünschen der Organisation.	Vermeidet bekannte Risiken. Mitwirkung an der Planung motiviert.
Nachteile	Fehlende Überprüfung der Machbarkeit auf der Ausführungsebenen, fehlende Motivationswirkung.	Ausgangspunkt ist der Ist-Zustand und nicht die Zielsetzungen. Ermitteltes Gesamtergebnis dürfte nur in besonderen Situationen mit dem gewünschten Gesamtziel zusammentreffen.	Hoher Aufwand zur Kommunikation und längere Durchlaufzeit für den Gesamtprozess.

Risiken	Widerstände gegen Planungsvorgaben und Demotivation durch als unrealistisch angesehene Planvorgaben.	Wenig Interesse an grundlegenden Veränderungen und Innovationen.	Kompromiss zwischen strategischer Notwendigkeit und operativem Beharrungsvermögen.

Abb. 7-10: Vergleich der hierarchischen Abfolge bei der Planung

7.3 Grundsätze, Verhaltenswirkungen und Kritik

Budgets sollen, wie alle Pläne, die Mitglieder einer Organisation und deren Verhalten zur Zielerreichung ausrichten und somit beeinflussen. Damit Budgets ihre gewünschte Wirkungen (z.b. Motivation und Lenkung) entwickeln können, sollten folgende Empfehlungen beachtet werden [vgl. Horvath (2009), S. 214ff.)]

- Klare Zuordnung der Budgets auf Verantwortliche

- Messbarkeit der Budgets

- Beeinflussbarkeit der Budgets durch die Verantwortlichen

- Budgets sollen herausfordernd, aber erreichbar sein

- Budgets müssen einen Handlungsspielraum ermöglichen

- Beteiligung der Budgetverantwortlichen an der Budgetierung

Grundsätzlich wird bei der Verwendung von Budgets davon ausgegangen, dass bei Vorliegen einer Verbindung von Budgets (Ziel) und Anreizen (Entlohnung, Anerkennung ...) eine positiv korrelierte Funktion besteht. Mit anderen Worten, der Verantwortliche wird sich um so mehr bemühen die vereinbarten Ziele zu erreichen, je attraktiver die angeboten Anreize sind. Die erbrachte Leistung wird zusätzlich jedoch auch von der Höhe der Zielvorgabe beeinflusst (s. Abb. 7-11).

Die Höhe der zu erwartenden Ergebnisse ist individuell vom Anspruchsniveau des Leistungsträgers abhängig. Eine optimale Bestimmung des Schwierigkeitsgrades / des Anforderungsniveaus ist daher nur individuell und in der Praxis – von repetitiven Tätigkeiten in der Fertigung oder Montage abgesehen – äußerst schwierig anzusehen. Trotzdem soll dies als Teil der Führungsaufgabe im Rahmen der Budgetierung erfolgen. Zur Vereinfachung können drei Bereiche unterschieden werden.

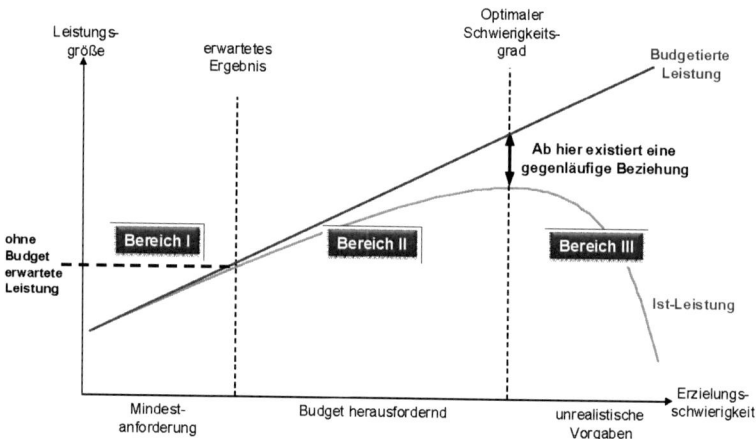

Abb. 7-11: Leistungswirkung von Vorgaben
[i.A.a. Posselt (1986), S. 136; Dillerup, Stoi (2011), S. 362]

Bereich I: Die Vorgabe aus dem Budget entspricht aus Sicht des Leistungsträgers nur einer Mindestanforderung. Die erbrachte Leistung richtet sich hier an den Anforderungen aus, bleibt so unter der ohne Budgetierung erbrachten Leistungshöhe und ist damit leistungsmindernd.

Bereich II: Dieser mittlere Bereich gilt als bestens geeignet die Mitarbeiter zu motivieren. Als Grundsatz kann hier „herausfordernd aber erreichbar" genannt werden. Liegt also die Vorgabe durch das Budget über dem vom Leistungsträger erwarteten Ergebnis, so steigt die Leistung mit zunehmender Vorgabehöhe an.

Bereich III: Die Vorgabe wird als unrealistisch und nicht erreichbar angesehen. Die Leistungsträger werden zunehmend überfordert. In der Praxis sind hier unbezahlte Mehrarbeit und steigender Einsatz bis hin zum burn-out-Syndrom bei gleichzeitig sinkender Leistung zu beobachten. Am Ende stehen die Resignation, krankheitsbedingte Arbeitsausfälle oder Abwanderung der Mitarbeiter.

Der aus Sicht der Motivation und Leistungssteigerung wünschenswerte Bereich II zeigt jedoch auch ein Dilemma der Planung und Budgetierung auf. Aus Sicht des Gesamtunternehmens ist es erforderlich (z.B. für die Allokation von Ressourcen) einen möglichst zuverlässigen und genauen Plan zu haben. Aus Sicht der Leistungssteigerung wird durch den Plan mehr gefordert als zu erreichen ist, was somit zu einer systembedingten Abweichung führen muss. Eine mögliche Trennung von Planung und Prognose von der Zielvereinbarung könnte – wie in der Fortentwicklung der Planung und Kontrolle diskutiert – einen Weg aufzeigen.

Neben der Leistungssteuerung über Anreize und geeignete Leistungsforderungen muss in der Praxis ein weiterer Grund für Minderleistungen beachtet werden: Gemeint ist die dysfunktionale Wirkung von Budgets. Diese tritt auf, wenn sich die persönlichen Ziele des Verantwortlichen von den ihm zugeordneten Unternehmenszielen unterscheiden. Beispielsweise können Karriereziele oder der Wunsch nach einer sicheren Einkommenshöhe dazu führen, dass jegliches Risiko in der Planung vermieden wird. Statt herausfordernder aber erreichbarer Ziele werden möglichst sicher erreichbare Ziele vereinbart. Damit werden Chancen am Markt potenziell verschenkt und eine Ergebnisverschlechterung für das Gesamtunternehmen durch das Anlegen von Reserven im Budget zum eigenen Nutzen vorweggenommen.

Insbesondere die folgenden, der Budgetierung immanente, Probleme gilt es zu vermeiden:

- **Budgetverschwendung / Typisches Etatdenken**: Dieses Verhalten tritt häufig am Ende einer Periode (Geschäftsjahr „Dezemberfieber", Quartal) oder vor einer erwarteten Budgetkürzung auf. Noch nicht oder nicht benötigte Mittel werden hierbei ohne zwingende Notwendigkeit verbraucht um eine potenziellen Kürzung des Budgets zu vermeiden. Ursache ist die Orientierung bei der Budgetfestsetzung am bisherigen Verbrauch. Ist das Budget nicht ausgeschöpft worden, so wird mit dem Ziel einer genaueren Planung das zukünftige Budget gekürzt.

- **Budgetreserven**: Die Verantwortlichen sind bestrebt Handlungsspielräume zu erweitern, mögliche Risiken zu verringern oder die notwendige Anstrengung zu mindern. Dies geschieht durch zu niedrige Ergebnisse und zu hohe Ressourcenbedarfe in der Planung. Treten unerwartete Ereignisse ein, kann auf diese ohne Einschaltung übergeordneter Instanzen reagiert werden. Werden Fehler gemacht, können diese leichter vertuscht werden.

- **Verstärktes Bereichsdenken und kurzfristige Unternehmenspolitik**: Durch die Verbindung der Budgeterreichung mit Anreizen sind die Bereichsverantwortlichen vorrangig auf die Ziele und Interessen für den eigenen Bereich ausgerichtet. Die notwenige Flexibilität geht für das Unternehmen verloren. Notwendige Verschiebungen von Budgets in z.B. neue Geschäftsfelder werden daher gegen die langfristigen Unternehmensinteressen nach Möglichkeit blockiert.

Diese Problemfelder der Planung – insbesondere der Budgetierung – führten zu zunehmender Kritik an der Notwendigkeit und dem Umfang der Budgetierung [vgl. Gleich, Kopp (2001) S. 429ff.] und der Forderung nach Verbesserungsansätzen der operativen Planung und Kontrolle. Initiativen wie Beyond Budgeting Round Table folgten Projekte und neue Konzepte aus der Zusammenarbeit von Praxis, Beratungsunternehmen und Wissenschaft unter den Begriffen „Beyond Budgeting", „Advanced Budgeting" und „Better Budgeting" [Fraser, Hope (2001); Pfläging (2003); Weber, Linder (2003).]. Dies führte zu einer Vielzahl an Entwürfen – von Beratungsunternehmen und Wissenschaftlern – und individuellen unternehmensspezifischen Lösungen. Eine grundlegend neue und theoretisch fundierte Lösung hat sich bisher jedoch nicht etablieren können. „Bislang überwiegen in der deutschen Unternehmenspraxis jedoch vielfach Zurückhaltung und Skepsis. Trotz zunehmender Kritik genießt die Budgetierung in deutschen Unternehmen immer noch einen hohen Stellenwert (…)" [Dillerup, Stoi (2008), S. 416f.].

Literatur

[1]   Andrews, K.R. (1980), The Concept of Corporate Strategy, Rev. Ed., Homewood 1980

[2]   Bea, Franz X.; Haas, J. (2005): Strategisches Management, 4. Aufl., Stuttgart 2005

[3]   Bleicher, K. (1994), Normatives Management, Frankfurt 1994

[4]   Bleicher, K. (1995), Aufgaben der Unternehmensführung, in: Corsten, H.; Reiß, M. (Hrsg., 1995), S. 19-32

[5]   Bleicher, K. (1999), Das Konzept integriertes Management, 5. Aufl., Frankfurt a.m., New York 1999

[6]   Bleicher, K. (2004), Das Konzept integriertes Management, 7. Aufl., Frankfurt a.m., New York 2004

[7]   Boston Consulting Group (1988), Vision und Strategie, Die 34. Kronberger Konferenz, München 1988

[8]   Bröckermann, R. (2007), Personalwirtschaft, 4. Aufl., Stuttgart 2007

[9]   Bundesgesetzblatt (1998), Teil I Nr. 24

[10]   Coenenberg, A.G.; Salfeld, R. (2003), Wertorientierte Unternehmensführung. Vom Strategieentwurf zur Implementierung, Stuttgart 2003

[11]   Corsten, H.; Reiß, M. (Hrsg., 1995) Handbuch für Unternehmensführung: Konzepte – Instrumente – Schnittstellen, Wiesbaden 1995

[12]   Dambrowski, J. (1986), Budgetierungssysteme in der deutschen Unternehmenspraxis, Darmstadt 1986

[13]   Day, G.S. (1986), Tough Questions for Developing Strategies, in: JoBS, Vol. 6, No. 3 (1986), S. 60-68

[14]   DGCK (2009), Deutscher Corporate Governance Kodex, Fassung 2009

[15]   Deyhle, A. (1997), Management- & Controlling-Brevier, 7. Aufl., Wörthersee-Etterschlag 1997

[16]   Dillerup, R.; Stoi R. (2006): Unternehmensführung, München 2006

[17]   Dillerup, R.; Stoi, R. (2008): Unternehmensführung, 2. Aufl., München 2008

[18]   Dillerup, Stoi (2011), Unternehmensführung, 3. überarb. Aufl., München 2011

[19] Drumm, H.J. (2005), Personalwirtschaftslehre, 5. Aufl., Berlin u.a. 2005

[20] Fraser, R.; Hope, J. (2001), Beyond Budgeting, in: Controlling, 13. Jg., Nr. 8/9 (2001), S. 437-442

[21] Frese, E. (1968), Kontrolle und Unternehmensführung: Entscheidungs- und organisationstheoretische Grundfragen, Wiesbaden 1968

[22] Gerum, E. (1995), Unternehmensverfassung, in: Corsten, H.; Reiß, M. (Hrsg., 1995), S. 123ff.

[23] Gleich, R.; Kopp, J. (2001): Ansätze zur neugestaltung der Planung und Budgetierung, in: Controlling, 13. Jg., Nr. 8/9 (2001), S. 429-436

[24] Götze, U.; Mikus, B. (1999): Strategisches Management, Chemnitz 1999

[25] Gutenberg, E. (1983), Grundlagen der Betriebswirtschaftslehre, Band 1, 24. Aufl., Heidelberg 1983

[26] Gutenberg, E. (1984), Grundlagen der Betriebswirtschaftslehre, Band 2, 17. Aufl., Heidelberg 1984

[27] Hahn, D.; Hungenberg, H. (2001), PuK: Wertorientierte Controllingkonzepte, 6. Aufl., Wiesbaden 2001

[28] Hansen, K.P. (1995), Kultur und Kulturwissenschaft: eine Einführung, Tübingen 1995

[29] Heidsiek, H. (2003), Vortrag auf dem Stuttgater Strategieforum am 2. April 2003

[30] Heinen, E. (1976), Grundlagen betriebswirtschaftlicher Entscheidungen – Das Zielsystem der Unternehmung, 3. Aufl., Wiesbaden 1976

[31] Hinterhuber, H, (1992), Strategische Unternehmensführung, Band 1, Berlin 1992

[32] Hinterhuber, H. (2004), Strategische Unternehmensführung, Band 1, 7. Aufl., Berlin 2004

[33] Hope, J.; Fraser, R. (2003), Beyond Budgeting, Stuttgart 2003

[34] Horváth, P. (2009), Controlling, 11. vollst. überarb. Aufl., München 2009

[35] Horváth & Partners (2000), Balanced Scorecard umsetzen, Stuttgart 2000

[36] Horváth & Partner GmbH (Hrsg., 2000), Früherkennung in der Unternehmenssteuerung, Stuttgart 2000

[37] Hummel, T.R.; Zander, E. (2002), Unternehmensführung. Lehrbuch für Studium und Praxis, Stuttgart 2002

[38] Hungenberg, H. (2006): Strategisches Management in Unternehmen – Ziele, Prozesse, Verfahren, 4. Auflage, Wiesbaden 2006

[39]   Hungenberg, H. (2008), Strategisches Management in Unternehmen –
       Ziele, Prozesse, Verfahren, 5. Auflage, Wiesbaden 2008

[40]   Hungenberg, H.; Wulf, T. (2006), Grundlagen der Unternehmensführung,
       2. akt. Auflage, Berlin 2006

[41]   Hungenberg, H.; Wulf, T. (2008), Grundlagen der Unternehmensführung,
       3. Auflage, Berlin 2008

[42]   Jung, H. (1985), Integration der Budgetierung in die Unternehmenspla-
       nung, Darmstadt 1985

[43]   Jung, H. (2008), Personalwirtschaft, 8. Aufl., München 2008

[44]   Kaplan, R.S.; Norton, D.P. (1996), Using the BSC as a Strategic Manage-
       ment System, in: Harvard Business Review, 74. Jg., Nr. 1 (1996), S. 75-85

[45]   Kaplan, R.S.; Norotn, D.P. (1997), Balanced Scorecard – Strategien erfolg-
       reich umsetzen, Stuttgart 1997

[46]   Kaplan, R.S.; Norton, D.P. (2001), Die strategiefokussierte Organisation,
       aus dem Amerikanischen von Horváth, P.; Kralj, D., Stuttgart 2001

[47]   Kieser, A.; Walgenbach, P. (2003), Organisation, 4. Aufl., Stuttgart 2003

[48]   Kirsch, W. (1977), Einführung in die Theorie der Entscheidungsprozesse,
       2., durchges. u. erg. Aufl. d. Bände I bis III als Gesamtausg., Wiesbaden
       1977

[49]   Koontz, H.; O'Donnell, C. (1955), Principles of management: An analysis
       of management functions, New York 1955

[50]   Kosiol, E. (1966), Die Unternehmung als wirtschaftliches Aktionszentrum:
       Einführung in die Betriebswirtschaftslehre, Reinbek 1966

[51]   Kreikebaum, H. (1997), Strategische Unternehmensplanung, 6. Aufl.,
       Stuttgart 1997

[52]   Küpper, H.-U. (2005), Controlling – Konzeption, Aufgaben und Instru-
       mente, 4. Aufl., Stuttgart 2005

[53]   Macharzina, K. (2003), Unternehmensführung, 4. Aufl., Wiesbaden 2003

[54]   Macharzina, K.; Wolf, J. (2005), Unternehmensführung – das internationa-
       le Managementwissen, 5. Aufl., Wiesbaden 2005

[55]   Mackenzie, R.A. (1969), The management process 3-D, in: Harvard Busi-
       ness Review 47 (1996), S. 81-86

[56]   Mag, W. (1995), Unternehmensplanung, München 1995

[57]   Mintzberg, H. (1995), Die strategische Planung, München 1995

[58] Müller-Stewens, G.; Lechner, C. (2001): Strategisches Management – Wie strategische Initiativen zum Wandel führen, Stuttgart 2001

[59] Müller-Stewens, G.; Lechner, C. (2005): Strategisches Management – Wie strategische Initiativen zum Wandel führen, 3. Aufl., Stuttgart 2005

[60] Pfau, W. (2001): Kompaktstudium Wirtschaftswissenschaften Band 16 – Strategisches Management, München 2001

[61] Pfläging, N. (2003), Beyond Budgeting, Better Budgeting, Freiburg u.a. 2003

[62] Pfohl, H.-C.; Stölzle, W. (1997), Planung und Kontrolle: Konzeption, Gestaltung, Implementierung, 2. Aufl., München 1997

[63] Porter, M.E. (1989), Wettbewerbsvorteile, Frankfurt a.M. 1989

[64] Porter, M.E. (1999): Wettbewerbsstrategien – Methoden zur Analyse von Branchen und Konkurrenten, 10. Auflage, Frankfurt a.M., New York 1999

[65] Porter, M.E. (2003): Wettbewerbsvorteile – Spitzenleistungen erreichen und behaupten, 6. Auflage, Frankfurt a.M., New York 2003

[66] Posselt, S. (1986), Budgetkontrolle als Instrument zur Unternehmenssteuerung, Darmstadt 1986

[67] Pümpin, C. (1986), Management strategischer Erfolgspositionen, 3. Aufl., Bern und Stuttgart 1986

[68] Schein, E. (1984), Coming to a New Awareness of Organizational Culture, in: SMR, 25. Jg., Nr. 2 (1984), S. 3ff.

[69] Schein, E. (1985), Organizational Culture and Leadership, San Francisco 1985

[70] Schneck, O. (1995), Management-Techniken: Techniken zur Planung, Strategiebildung und Organisation, Frankfurt, New York 1995

[71] Scholz, C. (1984), Planning Procedures in German Companies, in: LRP, 17. Jg., Nr. 6 (1984), S. 94-103

[72] Scholz, C. (2000), Personalmanagement, 5. Aufl., München 2000

[73] Schramm-Klein, H.; Swoboda B.; Zentes J. (2006): Internationales Marketing, München 2006

[74] Schreyögg, G. (2003), Organisation: Grundlagen moderner Organisationsgestaltung, 4. Aufl., Wiesbaden 2003

[75] Schulte-Zurhausen, M. (2005), Organisation, 4. Auflage, München 2005

[76] Schwaninger, M. (1989), Integrale Unternehmensplanung, Frankfurt a.M., New York 1989

[77] Siegwart, H.; Menzl, I. (1978), Kontrolle als Führungsaufgabe: Führen durch Kontrolle von Verhalten und Prozessen, Bern, Stuttgart 1978

[78] Staehle, W.H. (1999), Management, 8. Aufl., München 1999

[79] Steinmann, H.; Schreyögg, G. (2005): Management – Grundlagen der Unternehmensführung, 6. Auflage, Wiesbaden 2005

[80] Stopp, U. (2006), Betriebliche Personalwirtschaft: Zeitgemäße Personalwirtschaft – Notwendigkeit für jedes Unternehmen, 27. Aufl., Renningen 2006

[81] Szyperski, N.; Müller-Böling, D. (1980), Gestaltungsparameter der Planungsorganisation, in: DBW 3 (1980), S. 357-373

[82] Thommen, J.-P. (2004), Lexikon der Betriebswirtschaft: Managementkompetenz von A-Z, 3. Aufl., Zürich 2004

[83] Thompson, A.A.; Stickland, A. J. (1986), Strategy Formulation and Implementation, 3. Aufl., Plano, Texas 1986

[84] Töpfer, A. (1976), Planungs- und Kontrollsysteme industrieller Unternehmungen: Eine theoretische, technologische und empirische Analyse, Berlin 1976

[85] Ulrich, H. (2001), Die Unternehmung als produktives, soziales System: Grundlagen der allgemeinen Unternehmungslehre, 2. Aufl., Bern, Stuttgart, Wien 2001

[86] Ulrich, H.; Probst, G.J.B. (2001), Anleitung zum ganzheitlichen Denken und Handeln, Bern, Stuttgart, Wien 2001

[87] Vahs, D. (2005), Organisation, 5. Aufl., Stuttgart 2005

[88] Weber, J.; Linder, S. (2003), Budgeting, Better Budgeting oder Beyond Budgeting ?, Vallendar 2003

[89] Weber, J.; Schäffer, U. (2008), Einführung in das Controlling, 12. Aufl., Stuttgart 2008

[90] Weigand, A.; Buchner, H. (2000), Früherkennung in der Unternehmenssteuerung – Navigation für Unternehmen in Turbulenten Zeiten, in: Horváth & Partner GmbH (Hrsg., 2000), S. 2ff.

[91] Welch, J., Byrne, J. A. (2002), Was zählt: Die Autobiografie des besten Managers der Welt, 4. Aufl., München 2002

[92] Welge, M. K.; Al-Laham, A. (2003): Strategisches Management – Grundlagen, Prozess, Implementierung, 4. akt. Aufl., Wiesbaden 2003

[93] Werder, A.v. (2003), Internationalisierung der Rechnungslegung und Corporate Governance, Stuttgart 2003

[94] Wild, J. (1974), Budgetierung, in: Marketing Enzyklopädie, Band 1, München 1974, S. 325-340

[95] Wild, J. (1982), Grundlagen der Unternehmungsplanung, 4. Aufl., Opladen 1982

[96] Wöhe, G.; Döring, U. (2008), Einführung in die Allgemeine Betriebswirtschaftslehre, München 2008

[97] Zahn, E. (1999), Strategische Unternehmensführung 1, Vorlesungsunterlagen des Lehrstuhls für ABWL und Betriebswirtschaftliche Planung der Universität Stuttgart, 1999

Internet

[98] Caritas (o.J.), http://www.caritas.de/2246.html

[99] CGC (o.J.), http:// www.corporate-governance-code.de/ger/kodex/index.html

[100] Siemens (o. J.a), http://www.siemens.com/about/de/index/werte.htm

[101] Siemens (o.J.b) http://www. siemens.de/ueberuns/daten/zahlen/Seiten/home.aspx

[102] Toyota (2010), http://www.toyota.co.jp/en/about_toyota/message/index.html

[103] VW (o. J.a), www.volkswagenag.com/vwag/vwcorp/ content/de/the_group/compliance.html

[104] VW (o. J.b), www.volkswagenag.com/vwag/vwcorp/ content/de/the_group.html

Die Autoren

Prof. Dr. Andreas Weigand

Dipl.-Kfm., ist seit 2004 Professor für Managementlehre an der Hochschule Wismar. Nach mehreren beruflichen Schritten in der Industrie wechselte er zur Managementberatung Horváth & Partner, Stuttgart. Dort leitete er das Competence Center „Neue Navigation". Seit fast 20 Jahren ist er als Berater, Trainer und Coach mit verschiedensten Projekten in Industrie, Forschung, Gesundheitswesen und öffentlicher Verwaltung tätig. Zu seinen Schwerpunkten zählen neben den Management- und Controllingprozessen auch das Projekt- und Innovationsmanagement.

Stephanie Krause

Dipl.-Kauffrau, ist seit 2007 Geschäftsführerin der Weigand GmbH, Krummesse. Nach über 8 Jahren Berufstätigkeit in der Pharmaindustrie sowie einem mittelständischen Maschinenbauunternehmen wechselte sie 1996 in ein Beratungsunternehmen. Sie war dort als Beraterin und Projektleiterin tätig. Neben der Nachfolgeberatung und der Beratung von Unternehmensgründern lagen ihre Themenschwerpunkte in der strategischen Planung. 2001 übernahm Frau Krause die Leitung der Aufstiegsweiterbildung im Bildungshaus der IHK Region Stuttgart. In dieser Funktion arbeitete sie maßgeblich an einer Vielzahl von Projekten in einer Körperschaft des öffentlichen Rechts mit.

Julia Plückhahn

Dipl.-Betriebswirtin (FH), ist seit 2008 an der Hochschule Wismar als Dozentin im Bereich Wirtschaftswissenschaften tätig. Darüber hinaus ist sie seit 2009 Lehrbeauftragte für die WINGS (Wismar International Graduation Services GmbH) in ganz Deutschland. Nach ihrer zweijährigen Berufsausbildung bei der Deutschen Bank AG in Rostock, absolvierte sie an der Fachhochschule in Stralsund das Studium der Betriebswirtschaftslehre. Während dieser Zeit war sie u.a. als Projektmitarbeiterin bei der WIND-projekt Ingenieur- und Projektentwicklungsgesellschaft mbH beschäftigt. Ihre Themenschwerpunkte lagen im Gebiet der Regenerativen Energien.